U0379937

"十二五"国家重点图书出版规划项目

现代电磁无损检测学术丛书

现代漏磁无损检测

黄松岭　孙燕华　康宜华　著

田贵云　审

机械工业出版社

漏磁无损检测具有原理较简单、工程应用实现较容易和对被检测工件表面要求不高等诸多优点，因此获得了广泛应用。本书介绍了漏磁无损检测基本原理、现代漏磁无损检测理论及其实现技术，主要包括缺陷磁泄漏机制、磁真空泄漏原理及检测方法、基于非常规磁化的检测方法、三维漏磁成像检测以及漏磁检测的典型应用等几方面内容。

本书是作者对现代漏磁检测理论与应用的系统梳理，并汇集了作者10多年来的科研与技术应用成果，对于高校师生和从事无损检测技术的工程人员极具参考价值。

图书在版编目（CIP）数据

现代漏磁无损检测/黄松岭，孙燕华，康宜华著.—北京：机械工业出版社，2016.11

（现代电磁无损检测学术丛书）

"十二五"国家重点图书出版规划项目

ISBN 978-7-111-55444-8

Ⅰ.①现…　Ⅱ.①黄…②孙…③康…　Ⅲ.①漏磁－无损检验

Ⅳ.①TG115.28

中国版本图书馆 CIP 数据核字（2016）第 278304 号

机械工业出版社（北京市百万庄大街 22 号　邮政编码 100037）

策划编辑：薛　礼　责任编辑：李超群　韩　冰

责任校对：杜雨霏　封面设计：鞠　杨

责任印制：李　飞

北京铭成印刷有限公司印刷

2017 年 3 月第 1 版第 1 次印刷

184mm×260mm · 13 印张 · 306 千字

0 001—1 500 册

标准书号：ISBN 978-7-111-55444-8

定价：128.00 元

凡购本书，如有缺页、倒页、脱页，由本社发行部调换

电话服务　　　　　　　　　　　网络服务

服务咨询热线：010－88361066　　机工官网：www.cmpbook.com

读者购书热线：010－68326294　　机工官博：weibo.com/cmp1952

　　　　　　　010－88379203　　金书网：www.golden-book.com

封面无防伪标均为盗版　　　　　教育服务网：www.cmpedu.com

现代电磁无损检测学术丛书编委会

序 1

  利用大自然的赋予，人类从未停止发明创造的脚步。尤其是近代，科技发展突飞猛进，仅电磁领域，就涌现出法拉第、麦克斯韦等一批伟大的科学家，他们为人类社会的文明与进步立下了不可磨灭的功绩。

  电磁波是宇宙物质的一种存在形式，是组成世间万物的能量之一。人类应用电磁原理，已经实现了许多梦想。电磁无损检测作为电磁原理的重要应用之一，在工业、航空航天、核能、医疗、食品安全等领域得到了广泛应用，在人类实现探月、火星探测、无痛诊疗等梦想的过程中发挥了重要作用。它还可以帮助人类实现更多的梦想。

  我很高兴地看到，我国的无损检测领域有一个勇于探索研究的群体。他们在前人科技成果的基础上，对行业的发展进行了有益的思考和大胆预测，开展了深入的理论和应用研究，形成了这套"现代电磁无损检测学术丛书"。无论他们的这些思想能否成为原创技术的基础，他们的科学精神难能可贵，值得鼓励。我相信，只要有更多为科学无私奉献的科研人员不懈创新、拼搏，我们的国家就有希望在不久的将来屹立于世界科技文明之巅。

  科学发现永无止境，无损检测技术发展前景光明！

中国科学院院士

程开甲

2015 年秋日

序 2

  无损检测是一门在不破坏材料或构件的前提下对被检对象内部或表面损伤以及材料性质进行探测的学科,随着现代科学技术的进步,综合应用多学科及技术领域发展成果的现代无损检测发挥着越来越重要的作用,已成为衡量一个国家科技发展水平的重要标志之一。

  现代电磁无损检测是近十几年来发展最快、应用最广、研究最热门的无损检测方法之一。物理学中有关电场、磁场的基本特性一旦运用到电磁无损检测实践中,由于作用边界的复杂性,从"无序"的电磁场信息中提取"有用"的检测信号,便可成为电磁无损检测技术理论和应用工作的目标。为此,本套现代电磁无损检测学术丛书的字里行间无不浸透着作者们努力的汗水,闪烁着作者们智慧的光芒,汇聚着学术性、技术性和实用性。

  丛书缘起。2013 年 9 月 20—23 日,全国无损检测学会第 10 届学术年会在南昌召开。期间,在电磁检测专业委员会的工作会议上,与会专家学者通过热烈讨论,一致认为:当下科技进步日趋强劲,编织了新的知识经纬,改变了人们的时空观念,特别是互联网构建、大数据登场,既给现代科技,亦给电磁检测技术注入了全新的活力。是时,华中科技大学康宜华教授率先提出:敞开思路、总结过往、预测未来,编写一套反映现代电磁无损检测技术进步的丛书是电磁检测工作者义不容辞的崇高使命。此建议一经提出,立即得到与会专家的热烈响应和大力支持。

  随后,由福建省爱德森院士专家工作站出面,邀请了两弹一星功勋科学家程开甲院士担任丛书总顾问,钱七虎院士、徐滨士院士、陈达院士、杨叔子院士、张履谦院士等为顾问委员会成员,为丛书定位、把脉,力争将国际上电磁无损检测技术、理论的研究现状和前沿写入丛书中。2013 年 12 月 7 日,丛书编委会第一次工作会议在北京未来科技城国电研究院举行,制订出 18 本丛书的撰写名录,构建了相应的写作班子。随后开展了系列活动:2014 年 8 月 8 日,编委会第二次工作会议在华中科技大学召开;2015 年 8 月 8 日,编委会第三次工作会议在国电研究院召开;2015 年 12 月 19 日,编委会第四次工作会议在西安交通大学召开;2016 年 5 月 15 日,编委会第五次工作会议在成都电子科技大学召开；2016 年 6 月 4 日，编委会第六次工作会议在爱德森驻京办召开。

好事多磨，本丛书的出版计划一推再推。主要因为丛书作者繁忙，常"心有意而力不逮"；再者丛书提出了"会当凌绝顶，一览众山小"高度，故其更难矣。然诸君一诺千金，知难而进，经编委会数度研究、讨论精简，如今终于成集，圆了我国电磁无损检测学术界的一个梦！

最终决定出版的丛书，在知识板块上，力求横不缺项，纵不断残，理论立新，实证鲜活，预测严谨。丛书共包括九个分册，分别是：《钢丝绳电磁无损检测》《电磁无损检测数值模拟方法》《钢管漏磁自动无损检测》《电磁无损检测传感与成像》《现代漏磁无损检测》《电磁无损检测集成技术及云检测/监测》《长输油气管道漏磁内检测技术》《金属磁记忆无损检测理论与技术》《电磁无损检测的工业应用》，代表了我国在电磁无损检测领域的最新研究和应用水平。

丛书在手，即如丰畴拾穗，金瓯一拢，灿灿然皆因心仪。从丛书作者的身上可以感受到电磁检测界人才辈出、薪火相传、生生不息的独特风景。

概言之，本丛书每位辛勤耕耘、不倦探索的执笔者，都是电磁检测新天地的开拓者、观念创新的实践者，余由衷地向他们致敬！

经编委会讨论，推举笔者为本丛书总召集人。余自知才学浅薄，诚惶诚恐，心之所系，实属难能。老子曰："夫代大匠斫者，希有不伤其手者矣"。好在前有程开甲院士屈为总顾问领航，后有业界专家学者扶掖护驾，多了几分底气，也就无从推诿，勉强受命。值此成书在即，始觉"千淘万漉虽辛苦，吹尽狂沙始到金"，限于篇幅，经芟选，终稿。

洋洋数百万字，仅是学海撷英。由于本丛书学术性强、信息量大、知识面宽，而笔者的水平局限，疵漏之处在所难免，望读者见谅，不吝赐教。

丛书的编写得到了中国无损检测学会、机械工业出版社的大力支持和帮助，在此一并致谢！

丛书付梓费经年，几度惶然夜不眠。

笔润三秋修正果，欣欣青绿满良田。

是为序。

现代电磁无损检测学术丛书编委会总召集人
中国无损检测学会副理事长

丙申秋

前　　言

漏磁无损检测具有原理较简单、工程应用实现较容易和对被检测工件表面要求不高等诸多优点，因此，从其诞生开始的近100年时间里，漏磁无损检测技术得到了长足发展，其应用领域拓展到石油、化工、汽车、航空航天、铁路及轮船等行业的铁磁性构件缺陷检测，既包括原材料毛坯的无损检测，又包括工厂生产线上的工件成品、半成品质量控制和在役设施缺陷检测与安全评估。

长期以来，我国漏磁无损检测技术水平与发达国家差距较大。近几年，在相关单位的共同努力下，我国在漏磁无损检测理论与应用方面取得了长足发展，缩小了与发达国家的差距，甚至在有些方面取得了领先世界先进水平的成果，本书总结了这些现代漏磁无损检测的最新成果。

本书介绍了漏磁无损检测基本原理、现代漏磁检测理论及其实现技术，主要包括缺陷磁泄漏机制、磁真空泄漏原理及检测方法、基于非常规磁化的检测方法、三维漏磁成像检测以及漏磁检测的典型应用等几方面内容。

本书的内容是作者10多年来在漏磁无损检测理论方面不断研究和实践应用的总结。在相关技术的实施中，得到了中石化、中石油和中海油等相关单位领导和工程技术人员的大力协助，使得该理论和技术在实践中不断完善，在此表示衷心的感谢！

本书第1~4章及第6章6.2节由华中科技大学孙燕华副教授执笔，第5章及第6章6.1节由清华大学黄松岭教授执笔，第6章6.3节由华中科技大学康宜华教授执笔。田贵云教授负责全书的审稿工作，并提出了宝贵的修改意见。

在国外，漏磁无损检测技术研究起步较早，有些技术至今仍占据垄断地位。随着国内无损检测需求的增长，我国的研究工作越来越得到重视，工业应用也越来越广泛，希望本书的出版能为广大研究开发人员、高校师生和工程技术人员提供参考。书中错误和不妥之处，敬请读者批评指正。

作　者

目　　录

序 1

序 2

前言

第1章　绪论 ……………………………………………………………………………… 1

　1.1　漏磁无损检测研究的发展及现状 ………………………………………………… 1

　　1.1.1　漏磁无损检测理论方法 …………………………………………………… 1

　　1.1.2　漏磁无损检测设备 ………………………………………………………… 3

　　1.1.3　检测信号后处理 …………………………………………………………… 5

　1.2　漏磁无损检测研究的现状分析 …………………………………………………… 5

第2章　缺陷磁泄漏机制 ………………………………………………………………… 7

　2.1　引言 ………………………………………………………………………………… 7

　2.2　磁化过程 …………………………………………………………………………… 7

　　2.2.1　磁介质的磁化 ……………………………………………………………… 7

　　2.2.2　磁边界条件 ………………………………………………………………… 8

　　2.2.3　磁相互作用 ………………………………………………………………… 9

　2.3　缺陷磁泄漏 ……………………………………………………………………… 10

　　2.3.1　缺陷磁泄漏过程 ………………………………………………………… 10

　　2.3.2　缺陷漏磁场的磁折射及扩散 …………………………………………… 11

　　2.3.3　缺陷漏磁场的磁压缩 …………………………………………………… 13

　　2.3.4　基于物理场的缺陷漏磁检测信号特征 ………………………………… 18

　2.4　漏磁检测方法及其影响因素 …………………………………………………… 24

　　2.4.1　常见实施方式 …………………………………………………………… 24

　　2.4.2　工作特性分析 …………………………………………………………… 25

第3章　磁真空泄漏原理及检测方法 ………………………………………………… 27

　3.1　磁真空泄漏原理 ………………………………………………………………… 27

　3.2　磁真空泄漏检测方法及其特性 ………………………………………………… 28

　3.3　磁真空泄漏检测仿真及试验验证 ……………………………………………… 30

　3.4　缺陷漏磁场的异变与失真 ……………………………………………………… 32

第4章　基于非常规磁化的检测方法 ………………………………………………… 37

　4.1　基于正交磁化的检测方法与装置 ……………………………………………… 37

4.1.1　钢管正交磁化漏磁检测方法 ……………………………………… 37

4.1.2　钢管正交磁化优化设计 …………………………………………… 39

4.1.3　钢管正交磁化漏磁检测系统 ……………………………………… 42

4.2　永磁扰动检测方法 ……………………………………………………… 44

4.2.1　永磁扰动无损检测原理 ……………………………………………… 44

4.2.2　永磁扰动检测方法的实现 …………………………………………… 47

4.2.3　永磁扰动检测传感器 ………………………………………………… 48

4.2.4　检测特性 ……………………………………………………………… 49

4.2.5　典型应用 ……………………………………………………………… 52

第5章　三维漏磁成像检测 …………………………………………………… 56

5.1　三维漏磁检测缺陷轮廓反演 …………………………………………… 56

5.1.1　信号的基本特征 ……………………………………………………… 56

5.1.2　信号随缺陷尺寸的变化规律 ………………………………………… 59

5.1.3　缺陷三维轮廓的随机搜索迭代反演方法 …………………………… 61

5.1.4　缺陷三维轮廓的人工神经网络迭代反演方法 ……………………… 85

5.2　三维漏磁成像方法 ……………………………………………………… 108

5.2.1　三维漏磁信号特征量值 ……………………………………………… 108

5.2.2　完整信号下的缺陷分类量化方法 …………………………………… 114

5.2.3　不完整信号下的缺陷量化与显示方法 ……………………………… 128

第6章　漏磁检测的典型应用 ………………………………………………… 145

6.1　油气管道漏磁检测 ……………………………………………………… 145

6.1.1　连续油管漏磁检测 …………………………………………………… 145

6.1.2　长输油气管道漏磁内检测 …………………………………………… 150

6.2　储罐底板漏磁检测 ……………………………………………………… 153

6.2.1　储罐底板局部磁化的三维有限元分析 ……………………………… 153

6.2.2　储罐底板漏磁检测系统结构 ………………………………………… 156

6.2.3　储罐底板漏磁检测传感器 …………………………………………… 156

6.2.4　储罐底板漏磁检测系统软件 ………………………………………… 157

6.2.5　储罐底板检测系统的测试 …………………………………………… 158

6.3　在役拉索漏磁检测 ……………………………………………………… 160

6.3.1　在役拉索磁性无损检测技术的研究现状 …………………………… 160

6.3.2　基于导出磁通量的拉索金属截面积变化量测量方法 ……………… 162

6.3.3　基于磁通量离散阵列模型的金属截面积变化部位测定方法 ……… 172

6.3.4　在役拉索金属截面积测量系统关键技术 …………………………… 178

参考文献 ………………………………………………………………………… 192

第 1 章　绪　　论

1.1　漏磁无损检测研究的发展及现状

漏磁无损检测技术是在生产实践中形成和发展起来的，其发展主要包括漏磁无损检测理论方法、漏磁无损检测设备及检测信号后处理三个方面，下面分别介绍其发展及现状。

1.1.1　漏磁无损检测理论方法

1. 缺陷漏磁场分布计算

缺陷漏磁场分布计算从手段方面主要划分为磁偶极子解析法、有限元数值模拟法、试验法、全息照相法。漏磁无损检测理论是从用磁偶极子解析法来计算缺陷漏磁场分布而开始发展起来的。1966 年，苏联的 Zatespin 和 Shcherbinin 提出无限长表面开口缺陷的磁偶极子模型，分别用点磁偶极子、无限长磁偶极线和无限长磁偶极带来模拟工件表面的点状缺陷、浅裂缝和深裂缝。1972 年，苏联的 Shcherbinin 和 Pashagin 利用面磁偶极子模型来计算截面为矩形开口的长度有限的裂纹的三维漏磁场分布，扩展了计算维数。由于简化的磁偶极子模型不适宜计算非线性和复杂形状的缺陷漏磁场问题，美国爱荷华州立大学（ISU）的 Hwang 和 Lord 等人于 1975 年首次采用有限元数值模拟法对漏磁场进行计算，并在 1975—1979 年间分析了材料内部磁场强度、磁导率以及材料上矩形槽深度、宽度、走向角度对缺陷漏磁场的影响。1982—1986 年，德国的 Förster 采用试验的方法对 Hwang 和 Lord 所提出的有限元漏磁场分析计算进行了验证及部分修正，给出了二维漏磁场关于磁化场、磁导率及缺陷参数的数学描述。1986 年，英国赫尔大学的 Edwards 和 Palmer 通过拉普拉斯方程的解获得了截面为半椭圆形的缺陷的漏磁场关于磁激励、磁导率及缺陷参数的二维漏磁场分布，并且在此基础上进一步推导出了有限长表面开口的三维表达式。

自那以后，人们对缺陷漏磁场分布计算进行了大量的研究。例如，1977 年我国的杨洗尘引进并介绍了漏磁无损检测中漏磁场与缺陷的相互作用理论，1982 年孙雨施研究了永磁场的计算模型，1984 年张琪在其硕士毕业论文中采用了数学建模解析的方法研究了漏磁场分布特性，1990 年南京燃气轮机研究所的仲维畅开始对磁偶极子进行大量的研究；1995 年，日本横滨国立大学的 Zhang 和 Sekine 在德国人 Förster 提出的漏磁场数学模型的基础上用解析和试验的方法研究了截面为矩形和椭圆形的近表面缺陷的二维漏磁场。同年，阿根廷 FU-DETEC 工业研究中心的 Altschuler 与 Pignotti 也参照德国人 Förster 的漏磁场数学模型做了类似的研究工作。这期间，我国华中科技大学的杨叔子和康宜华、清华大学的李路明、军械工程学院的徐章遂及南昌航空大学的任吉林等人及其研究团队对缺陷漏磁场分布计算也均有所研究。其他研究者还有美国爱荷华州立大学的 Katragadda 等人及英国卡迪夫大学的 F. I. Al – Naemi 和 J. P. Hall 等人，他们比较了二维轴对称模型与三维非轴对称模型的有限元仿真差异，即二维漏磁场分布要比三维的大，并解释为二维磁激励比三维的更加透彻；中国上海交通大学的 Huang Zuoying 和 Que Peiwen 等人、英国 QinetiQ Farnborough 公司的 Ireland 和 Torres 等人及英国哈德斯菲尔德大学的 Li Yong、John Wilson 及 Tian Guiyun 等人发表了关于漏磁无损检测仿真的研究成果；2009 年，美国莱斯大学的 Sushant M. Dutta 和 Fathi H. Ghorbel 等人建立了磁偶极子模型模拟分析缺陷的三维漏磁场分布；中国华中科技大学的陈厚桂在其博士论文中对钢丝绳漏磁无损检测及评估进行了数学建模描述。

2. 各种因素和缺陷漏磁场关系的研究

各种因素和缺陷漏磁场关系的研究可主要归纳为检测扫描速度、缺陷尺寸及位置参数、应力、检测提离、磁激励强度及磁导率等对缺陷漏磁场的影响关系的研究。例如 1987—1989 年间，加拿大女王大学的 Atherton 针对管道在役腐蚀缺陷漏磁无损检测进行了试验和仿真计算研究，其中包括漏磁场信号与缺陷大小的关系。1997 年，韩国国立群山大学的 Yong – Kil Shin 利用时步算法对漏磁无损检测信号的速度效应影响进行了二维有限元仿真分析；同年，日本金属材料技术研究所的 Ichizo Uetake 和 Tetsuya Saito 分析了两个相邻平行槽之间的漏磁信号的影响关系；1996—1998 年间，加拿大女王大学的 Thomas 等人及 Mandal、Atherton、Weihua Mao 和 Lynann Clapha 等人分别研究了压力对漏磁无损检测信号的影响，并分析了相邻缺陷之间或不同走向缺陷之间的漏磁无损检测信号关系。2000—2003 年，日本九州工业大学的 M. Katoh、K. Nishio、Y. Yamaguchi、Katoh 和 Nishio 采用磁轭式有限元法计算材料属性、极靴气隙对漏磁场的影响，特别是磁化曲线在磁化过程中对漏磁场的影响；英国哈德斯菲尔德大学的 Li Yong 和 Tian Guiyun 及中国武汉大学的 Du Zhiye 和 Ruan Jiangjun 等人对漏磁无损检测中的速度效应问题进行了仿真研究。

3. 缺陷反演

缺陷反演主要是从所获得的检测信号入手反推出缺陷的相关参数。例如 2000 年美国爱荷华州立大学的 Kyungtae 和 Hwang 研究了基于人工神经网络及小波分析的缺陷反演问题；2002 年仲维畅也利用磁偶极子进行了缺陷的反演工作；同年，Jens Haueisen 等人利用线性和非线性运算［最大熵法（MEM）］对缺陷进行了评估分析，给出了一种算法并有效地反推出缺陷的尺寸及位置等特性信息量；美国密西根州立大学的 Joshi 和 Udpa 等人采用自适应小波及径向基函数人工神经网络的多重逆向迭代法来反推出缺陷的三维参数；密西根州立大学的 Ameet Vijay Joshi 在其博士论文中在传统的反演算法的基础上，引入了一种高阶统计法（HOS）；印度甘地原子研究中心的 Baskaran 和 Janawadkar 采用多重信号分类法利用计算得到的信号作为输入反演缺陷的形状、个数及位置；加拿大麦克马斯特大学的 Reza Khalaj Amineh 和 Natalia K. Nikolova 等人采用有限元法将切向分量作为输入反演缺陷的走向、长度及深度等参数；另外，美国莱斯大学的 Sushant M. Dutta、加拿大麦克马斯特大学的 Reza

Khalaj Amineh 和 Slawomir Koziel 等人也进行了缺陷反演研究工作；中国清华大学的崔伟、华中科技大学的刘志平及天津大学的蒋奇在他们的博士论文中给出了一些缺陷反演的有益探索。

1.1.2　漏磁无损检测设备

1922 年，美国工程师霍克（W. F. Hoke）在加工装在磁性夹头上的钢件时，观察到铁粉被吸附在金属裂缝上的现象，由此引发出对磁性无损检测的探索。1923 年，美国的 Sperry 博士首次提出了一种采用由 U 形电磁铁作为磁轭式磁化器对待检测铁磁性材料磁化后再采用感应线圈捕获裂纹处漏磁场，最后通过电路耦合形成缺陷存在的异变开关输出量而完成检测的方法，并于 1932 年获得了专利批准，这就是最早的漏磁无损检测技术。1947 年，美国标准石油开发公司的 Joseph F. Bayhi 和 Tulsa 发明了用于在役套铣管或埋藏管内检测的漏磁无损检测"管道猪"，其中 U 形磁铁对管施加局部周向磁化，与感应线圈一起螺旋推进扫描检测，这是最早的周向磁化漏磁无损检测法的结构形式。而在 1949 年，美国 Tuboscope 公司的 Donald Lloyd 则提出了钢管轴向磁化漏磁无损检测技术，将穿过式线圈磁化器和感应线圈固定连接为一体，沿着钢管轴向移动扫查检测横向伤；在之后的 1952—1959 年间，该公司的 Berry G. Price、Fenton M. Wood、Donald Lloyd 及 Houston 采用通电棒穿过钢管中心对钢管施加磁化的方法来完成漏磁无损检测，且检测探头进行旋转扫查。1960 年，美国机械及铸造公司的 Hubert A. Deem 和 Bethany 等人直接采用了 N – S 磁极对构成的周向磁化器呈 180° 对称状布置于钢管外壁来实现油管纵向劈缝的周向磁化漏磁无损检测，检测主机做旋转扫查；1967—1969 年，该公司的 David R. Tompkins 提出了钢管螺旋推进的漏磁无损检测方法，Alfred E. Crouch 发明了同时具有周向磁化检测纵向伤和轴向磁化检测横向伤功能的"管道猪"，此时，Tuboscope 公司的 Fenton M. Wood 等人也开始明确了钢管上纵、横向伤一并检测时分别所需的周向和轴向磁化检出关系，最终发明了同时具有周向和轴向磁化的固定式漏磁无损检测设备，钢管做螺旋推进扫查。

至此，钢管漏磁无损检测技术在方法应用层面上已实现全部覆盖并且一直沿用至今，总的实施方法为：钢管上横、纵向伤的全面检测分别由轴向磁化和周向磁化进行磁激励，然后通过钢管与检测探头之间的相对螺旋扫查加以完成。其中相对螺旋运动方式有两种：①探头旋转＋钢管直进；②探头固定静止＋钢管螺旋推进。自此以后，漏磁无损检测方法的所有研究都是在上述方法的框架之下开展的，在实际钢管检测中，针对不同的钢管检测需求，可选取所需的横向伤检测技术或者纵向伤技术，亦或全部。

在漏磁无损检测理论研究的基础上，针对具体不同的钢管检测工况研发出大量不同的漏磁无损检测设备，与之相关的研究主要是以磁敏元件、磁化器或整体结构为主的组件展开的各种试探、优化及升级改造工作。

（1）在磁敏元件的改进应用方面的发展及现状　1959 年瑞士的 Ernt Vogt 发明了一种采用感应线圈作为磁敏元件的钢管漏磁无损检测设备；1970 年美国机械及铸造公司（AMF）

的 Noel B. Proctor 首次提出了采用印刷线圈替代传统的缠绕式感应线圈；1976 年，加拿大诺兰达矿业有限公司的 Krank Kitzinger 等人首次采用霍尔元件作为磁敏元件外加永磁体构成的轴向磁轭对钢管施加轴向磁化的漏磁无损检测设备；1994—1996 年间，捷克科技大学的 Ripka 和瑞士联邦工学院的 Popovic 等人分析比较了霍尔、磁阻、感应线圈及磁通门传感器作为磁敏元件在漏磁无损检测传感器中的应用；2002 年，法国的 Jean – Louis Robert 等人首次给出了一种可用于高温（500～800K）的霍尔元件材料及其结构；2008 年，印度甘地原子研究中心的 W. Sharatchandra Singh 和 B. P. C. Rao 等人采用巨磁阻传感器进行了漏磁无损检测探头的设计。

（2）在磁化器或整体结构方面的研究及发展现状　20 世纪 80 年代，日本住友金属工业株式会社的 Yasuyuki Furukawa 等人发明了移动式漏磁无损检测设备，继而美国人 Leon H. Ivy、美国磁性分析公司（MAC）的 Edward Spierer 等人、德国 NUKEM 有限公司的 Gerhard H üschelarath 等人相继研制了钢管周向 + 轴向复合磁化后螺旋推进扫描的漏磁无损检测设备，其中不同之处是 Edward Spierer 等人是将周向和轴向磁化靠近形成局部斜向磁化；1994—2000 年间，荷兰屯特大学的 Jansen、加拿大 Pipetronix 有限公司的 Poul Laursen 及 BJ 服务公司的 Jim W. K. Smith 对漏磁无损检测“管道猪”开展了系列改进应用研究；中国华中科技大学的康宜华等人自 1989 年发表了关于漏磁无损检测设备研制的报道以来，后续进行了大量的漏磁无损检测设备的开发和研制工作，并于 2007 年积累形成了数字化磁性无损检测技术；清华大学的黄松岭等人、中国合肥工业大学的何辅云等人、沈阳工业大学的杨理践等人开发了油气管道检测设备并进行了相关应用研究；从 2013 年开始，清华大学的黄松岭等人开展了三维漏磁成像检测技术的研究工作，并研发了油气管道漏磁成像内检测设备、储罐底板漏磁成像检测设备、钢轨漏磁成像检测设备和铁磁性构件离线漏磁成像检测设备等系列化三维漏磁成像检测装备。其他还有日本开闭公司（NKK）的 Hiriharu Kato 等人及埃及的 Dale Reeves 等研究者也涉及了这方面的研究。

（3）在漏磁无损检测设备结构优化方面的研究　2002 年韩国海洋大学的 Gwan Soo Park 和 Eun Sik Park 采用有限元法对磁轭式漏磁无损检测探头进行了结构优化，2003 年日本川崎制铁株式会社采用聚磁技术进行了结构优化，其他有泰国国王科技大学的 C. Jomdecha 和 A. Prateepsen 及美国莱斯大学的 Sushant Madhukul Dutta 等人对主磁通或磁路优化设计进行了研究。

目前，漏磁无损检测成型产品开发生产的国外厂家主要有：美国磁性分析公司（MAC），其生产的 Rotoflux 漏磁无损检测设备在检测纵向伤时探头旋转；德国的 Förster 研究所，其生产的主要装置有 CIRCOFLUX 系统和 ROTOMAT + TRANSOMAT，通过检测探头旋转与直线输送钢管形成螺旋推进的扫描方式来完成检测；美国 Tuboscope Vetc 公司研制了两种漏磁无损检测装置 Amalog 和 Sonoscope，其中 Amalog 采用直流磁化探头旋转用于检测轴向缺陷，而 Sonoscope 采用线圈磁化用于检测周向缺陷；美国 OEM 公司生产的产品有 EMI、ARTIS – 2™、ARTIS – MS™、ARTIS – 3™型等便携式电磁检测系统及 TTIS 井口检测系统；

此外，还有德国 ROSEN 公司、美国 GE 公司、美国彪维公司（TechnoFour – Bowing）、加拿大 Western NDE & Engineering 公司及德国 db 无损检测技术公司（db PRUFTECHNIK）。

在中国，主要的漏磁无损检测设备生产厂家有华中科技大学机电工程公司，该公司生产用于石油钻具及钢管高效快速无损检测的漏磁无损检测系统，已形成 EMTP、EMTR、EMTD 等多种系列，在现场应用中取得了良好的效果，为节约外汇做出了一定的贡献。合肥齐美检测设备有限公司及上海威远电磁设备有限公司也生产相关的漏磁无损检测设备。清华大学和沈阳工业大学分别为石油石化企业开发了长输油气管道漏磁内检测系列化设备。

1.1.3 检测信号后处理

在漏磁无损检测设备应用过程中，最终是要通过对缺陷漏磁无损检测信号的观察与分析来对检测结构进行分析及评判。因此出现了不少的检测信号后处理研究，例如 1996 年美国爱荷华州立大学的 Mandayam 等人提出算法来平衡或滤除由于速度效应和磁导率不均所致的漏磁无损检测信号的各种异变；1996 年，美国爱荷华州立大学的 G. Katragadda 和 W. Lord 等人提出用交流漏磁无损检测法并通过信号处理技术提高铁磁性材料表面裂纹检测的灵敏度；1997 年，美国的 Bubenik 和 Nestlroth 等人认为内外伤是可以区分的；2000 年，印度巴布哈原子研究中心的 Mukhopadhyay 和 Srivastava 采用小波分析的方法对缺陷漏磁场信号特征进行分析；2005 年，Mikkola 和 Case 发表了内外伤区分的文章，罗飞路等人研制了钢管表面缺陷检测用交变漏磁无损检测系统。2006 年，McJunkin 和 Miller 等人提出内伤漏磁场小，建议采用敏感度小的检测探头来检测外伤；2009 年美国的 Richard Clark McNealy 等人对管道裂纹漏磁无损检测信号加以区分，但就在同年，英国斯旺西大学的 Alicia Romero 和 Ramirez 等人通过试验的方法指出仅根据漏磁无损检测信号难以区分内外伤。华中科技大学的康宜华和清华大学的黄松岭分别尝试采用交直流复合磁化方法来区分内外伤，沈阳工业大学的杨理践、合肥工业大学的何辅云等人同样在检测信号后处理方面展开了研究工作。

漏磁无损检测磁化以直流磁化场为主，近些年有针对交流磁化漏磁无损检测和脉冲漏磁无损检测方面的研究工作，直流磁化漏磁无损检测的信号处理相对简单；交流磁化和脉冲磁化漏磁无损检测信号处理更复杂，但检测信号包含的信息更丰富，缺陷检测的灵敏度更高。

1.2 漏磁无损检测研究的现状分析

纵观漏磁无损检测研究发展史，漏磁无损检测技术是在生产实践中诞生并逐渐在应用需求的推动作用下发展壮大起来的。在漏磁无损检测的几个关键开创性技术如钢管纵横向伤的周向加轴向复合磁化诞生以后，漏磁无损检测技术的研究发展主要集中在上述检测方法框架之下的检测设备的研制开发、优化设计及其检测信号后处理，包括为各种具体被检测对象改变之后所做的适应，如磁敏元件的改进利用，磁化结构的优化分析、检测装置的具体设计及后期检测信号处理等。以应用为主的漏磁无损检测技术经过多年的研究发展，已有长足的进步；但由于无损检测在需求方面的要求不断提高，有些方面还有待继续完善改进。

1）在漏磁无损检测技术方法研究方面，待检钢管与检测探头相对螺旋推进扫描的复合漏磁无损检测方式一直沿用到现在，未见突破该技术的相关报道。如果突破了该螺旋推进扫描的检测方式，则可以不受螺旋扫描检测方式的低速（只适宜 2.5m/s 以下）限制，从而适应钢管高速无损检测以及那些自身不适宜做高速旋转的管材（如连续油管、方管）的快速高效检测。

2）在漏磁无损检测设备结构研究方面，无论其结构如何变化发展，漏磁无损检测探头始终为紧贴被检件的浮动式结构，普遍存在检测过程中抖动、磨损严重和使用寿命不长的问题，另外紧贴浮动机构的结构较为复杂。如果能形成真正的非接触漏磁无损检测探头则可以解决这一问题。

3）由于磁探头不可避免地抖动，导致磁噪声一直存在，这样漏磁无损检测信号的信噪比总是难有很大的提高，降低了漏磁无损检测技术的检测灵敏度；另外，易于出现霍尔等磁敏元件的磁饱和不工作现象。所以很有必要开展该方面的技术研究。

对于漏磁无损检测理论研究，它的最终目的是支持并推动漏磁无损检测技术使其更好地服务于社会生产。在漏磁无损检测技术产生之后，涌现出了大量的漏磁无损检测理论研究工作，但主要集中在缺陷漏磁场分布计算、各种影响因素和缺陷漏磁场之间关系及缺陷反演这几个方面。这些以磁偶极子模型及有限元模型等为基础的漏磁无损检测理论研究，缺乏对无损检测过程中可能出现的现象或者疑点的了解，使得理论发展研究现状与目前需要完善解决的漏磁无损检测应用技术衔接得不太紧密。

对漏磁无损检测物理机制的进一步探讨，磁折射、磁扩散及压缩的发现，有助于提醒研究者采取一定的措施，使缺陷漏磁场更大，从而获得更加全面的缺陷漏磁场信息，更好地改进漏磁无损检测装备，提高其检测性能。

第 2 章　缺陷磁泄漏机制

2.1　引言

《吕氏春秋》中有"慈（磁）石召铁"的说法，《论衡》中有对人工磁化技术的描述，《梦溪笔谈》中则有对磁化过程的详细介绍。但磁学物理现象真正被用于无损检测则始于1922 年，美国工程师霍克（W. F. Hoke）在加工装在磁性夹头上的钢件时，观察到铁粉被吸附在金属裂缝上的现象，由此引发出对磁性无损检测的探索。

漏磁检测原理普遍用这样一句话来解释：铁磁性材料由于高磁导率特性而易于被磁化且当达到磁化饱和时其体内的磁通在缺陷处发生泄漏，形成漏磁场。仔细思考会产生这样的疑问：磁通在缺陷处到底是怎么"发生"泄漏的？这"发生"的过程又是怎样的？与该疑问直接相对应的就是缺陷磁泄漏机制的磁物理学探讨。

众多的漏磁检测理论都集中在漏磁场分布数学解析或有限元建模等问题上，而对缺陷磁泄漏的真正过程与机制的深入探讨未见报道过。对漏磁检测物理机制的分析与探讨，有助于更充分地发掘漏磁检测技术的潜能，甚至可能形成新的磁检测应用技术。

本章从电磁的磁聚集、磁折射、磁扩散及磁压缩等基本磁作用及其物理特性入手，结合现有漏磁检测方法及设备的工作特性的梳理分析，对缺陷磁泄漏机制进行了全新的诠释，将缺陷磁泄漏的"发生"机理，即漏磁场的产生描述为下述三个主要过程：缺陷磁折射、缺陷磁扩散和缺陷磁压缩。随后，通过数学推导、有限元仿真及试验验证，对磁泄漏机制进行剖析与验证。

2.2　磁化过程

2.2.1　磁介质的磁化

当物体处于外磁场中，物体内的分子磁矩在外磁场作用下将会出现一定程度的转向规则排列，使物体对外显示出一定的磁性，这称为物质的磁化。被磁化的物质会产生退磁场 H'，该磁场同原磁场 H_0 叠加构成有物体存在时的空间磁场 H，即

$$H = H_0 + H' \tag{2-1}$$

H 将不同于原磁场 H_0，这就是说，磁化后的物质将影响和改变原磁场，使其由 H_0 变成 H。任何能被外磁场磁化并反过来影响磁场的物质都称为磁介质。磁介质磁化分为均匀磁化

和非均匀磁化。

磁感应强度 B 是描述磁场强弱和方向的基本物理量，磁场强度 H 是作用于磁路单位长度上的磁通势，磁化强度 M 是描述磁场中的磁介质磁化状态的物理量。这三个物理量是相互关联的，它们体现了磁介质的磁化规律关系，即

$$H = \frac{B}{\mu_0} - M \tag{2-2}$$

$$B = \mu_0 (H + M) \tag{2-3}$$

$$M = \frac{B}{\mu_0} - H \tag{2-4}$$

$$M = \chi_m H \tag{2-5}$$

式中，μ_0 为真空磁导率，$\mu_0 = 4\pi \times 10^{-7} \mathrm{N \cdot A^{-2}}$；$\chi_m$ 为磁化率。

大多数各向同性均匀磁介质的磁性是很弱的，与 H 值对应的 M 值很小，即磁化率 χ_m 很小，并且 M 与 H 成线性关系，这一类磁介质可以称为弱磁性磁介质。对于铁磁性磁介质，磁化率 χ_m 较大，且磁化强度 M 与磁场强度 H 之间是非线性关系，其磁化曲线如图 2-1 所示。

从图 2-1 中可以看出，随着磁场强度的增大，被磁化介质的磁导率经过急剧增大后又逐渐减小。这样，被磁化介质内的磁场经过急剧增大后逐渐趋近于一个平缓的变化趋势，即此时趋近于磁饱和。

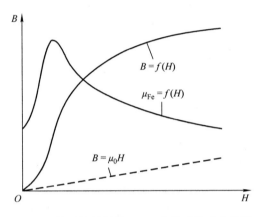

图 2-1　铁磁性材料的 $\mu - H$ 曲线及其磁化特性

2.2.2　磁边界条件

在有磁介质存在的稳恒磁场中，磁场强度 H 和磁感应强度 B 在空间逐点变化，遵守的规律是安培环路定理和磁场高斯定理，其微分形式分别为

$$\nabla \times H = j_0 \tag{2-6}$$

和

$$\nabla \cdot B = 0 \tag{2-7}$$

若磁介质为各向同性均匀磁介质，则 B 与 H 之间的关系为

$$B = \mu \mu_0 H \tag{2-8}$$

式中，μ 为介质的磁导率。

由式（2-6）和式（2-7）可得安培环路定理和磁场高斯定理的积分形式为

$$\oint_L H \cdot \mathrm{d}l = \sum I_0 \tag{2-9}$$

$$\oiint_S \boldsymbol{B} \cdot \mathrm{d}S = 0 \tag{2-10}$$

在两种磁介质分界面处可以做如下推导

$$\oiint_S \boldsymbol{B} \cdot \mathrm{d}S = \boldsymbol{B}_2 \cdot \boldsymbol{n}\Delta S - \boldsymbol{B}_1 \cdot \boldsymbol{n}\Delta S = (\boldsymbol{B}_2 - \boldsymbol{B}_1) \cdot \boldsymbol{n}\Delta S = 0 \tag{2-11}$$

式中，$\boldsymbol{n}$ 为磁介质分界面的单位法线矢量；$\boldsymbol{B}_1$ 和 $\boldsymbol{B}_2$ 分别为磁介质 1 和磁介质 2 内的磁感应强度。

由式（2-11）可以得到

$$\boldsymbol{n} \cdot (\boldsymbol{B}_2 - \boldsymbol{B}_1) = 0 \quad \text{或} \quad B_{2n} = B_{1n} \tag{2-12}$$

式（2-12）表明，介质分界面两侧磁感应强度的法向分量是连续的。

另外，由安培环路定理有

$$\oint \boldsymbol{H} \cdot \mathrm{d}l = (\boldsymbol{H}_1 - \boldsymbol{H}_2) \cdot \boldsymbol{\tau}\Delta l = (H_{1\tau} - H_{2\tau})\Delta l = \sum I_0 i_0 \cdot (\boldsymbol{\tau} \times \boldsymbol{n})\Delta l \tag{2-13}$$

由式（2-13）可得

$$(\boldsymbol{H}_1 - \boldsymbol{H}_2) \cdot \boldsymbol{\tau} = H_{1\tau} - H_{2\tau} = i_0 \cdot (\boldsymbol{\tau} \times \boldsymbol{n}) \tag{2-14}$$

若介质分界面上传导电流 $i_0 = 0$，继而可得

$$H_{2\tau} = H_{1\tau} \tag{2-15}$$

式（2-15）表明，在两介质分界面上无传导电流时，介质分界面两侧磁场强度的切线分量连续。

所以，磁在介质分界面连续的条件为：①介质分界面两侧磁感应强度 $\boldsymbol{B}$ 的法向分量连续；②介质分界面两侧磁场强度 $\boldsymbol{H}$ 的切向分量连续。若介质分界面两侧磁介质的磁导率分别为 μ_1 和 μ_2，则由 $\boldsymbol{B} = \mu\mu_0\boldsymbol{H}$ 可得介质分界面两侧 $\boldsymbol{B}$ 的切向分量和 $\boldsymbol{H}$ 的法向分量有如下关系，即

$$B_{2\tau} = \frac{\mu_2}{\mu_1}B_{1\tau} \tag{2-16}$$

$$H_{2n} = \frac{\mu_2}{\mu_1}H_{1n} \tag{2-17}$$

2.2.3 磁相互作用

磁场的固有物理特性表现在磁力线上，主要特性有：①磁力线为连续并且具有封闭回路，总是经历磁体外部由 N 极到 S 极和磁体内部由 S 极到 N 极的闭合磁回路，即磁通连续性定理；②任意两条磁力线之间永远不会交叉；③平行磁力线具有弹性，会相互排斥；④磁力线是张紧的，即磁力线总是趋近最短；⑤磁力线不存在呈直角拐弯的，它总是走磁阻最小（磁导率最大）的路径，因此通常呈直线或曲线；⑥磁力线密度与磁场强度成正比，其疏密表示磁场强度大小（稀疏则表示磁场弱，密集则表示磁场强）。在上述固有物理特性作用下，磁场之间易于形成相互磁作用，如磁折射、磁聚集（图 2-2a）和磁扩散（图 2-2b）

作用。

另外，在相互作用的磁场中，磁力线会在另一种磁场的作用下发生改变，即磁力线会被压缩变形，如图 2-2c 所示。

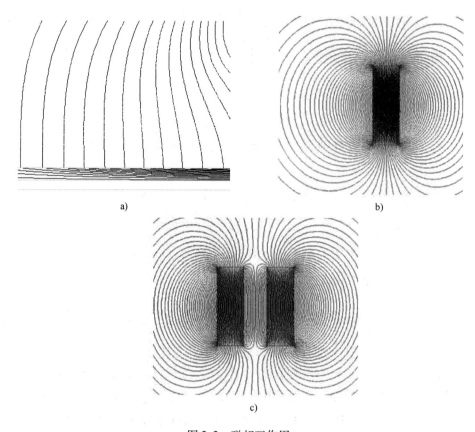

a)

b)

c)

图 2-2　磁相互作用

a）磁折射和磁聚集　b）磁扩散　c）磁力线磁压缩作用

2.3　缺陷磁泄漏

2.3.1　缺陷磁泄漏过程

针对现有漏磁检测原理的"磁通在缺陷处发生泄漏"的简单解释，本节开始探讨分析这"发生"到底是如何进行的，即缺陷磁泄漏的过程与机制，为此，提出漏磁场产生的三步式过程：缺陷磁折射、缺陷磁扩散和缺陷磁压缩。由于铁磁性材料（铁磁体）具有磁导率高的特性，它们被磁化后在体内可聚集高密度的磁感应场，如图 2-3a 所示；当铁磁体与空气相接触的交界面处出现不连续即缺陷时，由于磁的边界条件首先引发磁折射，铁磁体内的磁场由磁折射作用折射偏转到缺陷附近的空气中，并很快形成磁扩散，如图 2-3b 所示。但由于缺陷附近空气区域中有较强背景磁场的存在，扩散场磁力线在该背景磁场的反向阻碍作用下发生反向挤压变形，最终导致发生磁扩散的同时又发生反向磁压缩，如图 2-3c 所示。

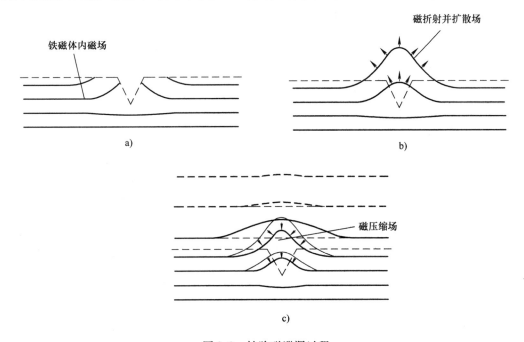

图 2-3 缺陷磁泄漏过程

a) 高磁导率的磁介质体内磁场 b) 磁折射及磁扩散 c) 磁压缩

铁磁性材料内磁通经过上述磁折射、磁扩散及反向磁压缩过程后，形成最终缺陷漏磁场。可进一步将缺陷漏磁场 B_{mfl} 的形成机制用数学公式描述为

$$B_{mfl} = B_r + B_d - B_c \tag{2-18}$$

式中，B_r 为缺陷处磁折射作用引起的磁感应强度；B_d 为缺陷处磁扩散作用引起的磁感应强度；B_c 为缺陷处磁压缩作用引起的磁感应强度。

式（2-18）中，B_d 是紧随 B_r 的，它们对缺陷磁泄漏起促进作用；B_c 是在磁扩散作用的反作用原理基础上所导致的，它对缺陷磁泄漏起着阻碍作用，使缺陷的磁泄漏减弱。

2.3.2 缺陷漏磁场的磁折射及扩散

铁磁性材料上的缺陷可视为材料磁特性的不连续。建立不同介质在介质分界面不连续处的磁传导模型，以计算考察磁力线在不连续处的走向情况。如图 2-4 所示，e 是垂直于介质分界面的单位矢量，由介质 1 指向介质 2；B_1（H_1）及 B_2（H_2）分别为介质 1（磁导率为 μ_1）和介质 2（磁导率为 μ_2）内的磁感应强度（磁场强度），它们在介质 1 及介质 2 内与法线 e 的夹角分别为 α_1、α_2。

由磁在介质分界面两侧 B 的法线分量连续条件，即式（2-12）可得到

$$\tan\alpha_1 = \frac{B_{1\tau}}{B_{1n}} = \frac{B_{1\tau}}{B_{2n}} = \frac{\mu_1}{\mu_2}\frac{B_{2\tau}}{B_{2n}} = \frac{\mu_1}{\mu_2}\tan\alpha_2 \tag{2-19}$$

式中，B_{1n}（H_{1n}）、B_{2n}（H_{2n}）及 $B_{1\tau}$（$H_{1\tau}$）、$B_{2\tau}$（$H_{2\tau}$）分别为在介质1和介质2内磁感应强度（磁场强度）的法向分量和切向分量。

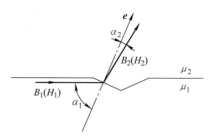

式（2-19）可表示为

$$\frac{\tan\alpha_1}{\tan\alpha_2} = \frac{\mu_1}{\mu_2} \qquad (2\text{-}20)$$

图 2-4　介质分界面处的磁扩散

式（2-20）表明，磁介质分界面两侧磁感应强度与法线夹角的正切之比等于两侧材料的磁导率之比。

同样，由介质分界面两侧磁场强度 H 的切线分量连续条件，即式（2-15）可得到

$$\tan\alpha_1 = \frac{H_{1\tau}}{H_{1n}} = \frac{H_{2\tau}}{H_{1n}} = \frac{\mu_1}{\mu_2}\frac{H_{2\tau}}{H_{2n}} = \frac{\mu_1}{\mu_2}\tan\alpha_2 \qquad (2\text{-}21)$$

式（2-21）表明，介质分界面两侧磁场强度与法线夹角的正切之比也等于两侧材料的磁导率之比。

对于各向同性的均匀磁介质，介质中的 $B = \mu\mu_0 H$，因而在介质中磁感应曲线与磁场强度曲线是相互平行的两组曲线，或者说它们有相同的构形。式（2-20）表明，不同的各向同性均匀介质界面的存在，并不改变 B 曲线和 H 曲线的相同构形分布。

最终，由式（2-20）得到

$$\alpha_2 = \arctan\left(\frac{\mu_2}{\mu_1}\tan\alpha_1\right) \qquad (2\text{-}22)$$

式（2-22）构成缺陷处的磁折射扩散规则。磁的折射偏转方向与入射角以及介质的磁导率有关。磁场方向与介质分界面几何形状构成入射角 α_1。由于 $\alpha_1 = 0°$ 或 $\alpha_1 = 90°$ 的磁入射角只发生在理想的介质分界面几何形状条件下，所以结合实际的磁入射角范围 $0 < \alpha_1 < 90°$ 对式（2-22）做如下讨论。

1）当 $\mu_2 = \mu_1$ 时，有 $\alpha_2 = \alpha_1$，磁感应线直接穿越界面不发生折射，如图 2-5a 所示。在同一磁场 H 下，由 $B = \mu H$ 可知 $B_2 = B_1$，此时两者磁压相等，磁压差为零的情况下互不发生磁泄漏。

2）当 $\mu_2 < \mu_1$ 时，有 $\alpha_2 < \alpha_1$，介质2内磁感应线发生折射，且折向法线 e，形成磁通量由介质1向介质2的泄漏扩散，如图 2-5b 所示。

此时，由于 $B_2 = \mu_2 H < \mu_1 H = B_1$，即存在着由介质1向介质2的磁压差，会形成由前者向后者的磁泄漏扩散。当介质1为铁磁性材料，介质2为空气时，最终形成由铁磁性材料向空气的磁泄漏。由于在介质分界面处突变的缺陷符合 $0 < \alpha_1 < 90°$ 条件，所以这就是现有漏磁检测技术中缺陷处会发生磁泄漏的原因。

但不管怎样，因为 $\mu_2(\mu_{air} = 1) \geqslant 1$，所以

$$\alpha_2 = \arctan\left(\frac{\mu_2}{\mu_1}\tan\alpha_1\right) \geqslant \arctan\left(\frac{1}{\mu_1}\tan\alpha_1\right) > 0 \qquad (2\text{-}23)$$

可见，由于 $\mu_2\,(\mu_{air}=1)\geqslant1$ 的存在，导致偏转泄漏角有最大值 $90°-\alpha_2$。

3）通过以上分析，可进一步假设存在介质，其 $\mu_2\to0$ 或 $\mu_2=0$，则会得到

$$\alpha_2=\arctan\left(\frac{\mu_2}{\mu_1}\tan\alpha_1\right)\to0 \tag{2-24}$$

或

$$\alpha_2=\arctan\left(\frac{\mu_2}{\mu_1}\tan\alpha_1\right)=0 \tag{2-25}$$

这样，磁感应线的折射线更加偏向中法线 e 并与之重合，发生最为极端的磁偏转折射，导致最终的磁泄漏如图 2-5c 所示。

此时，由于 $\boldsymbol{B}_2=\mu_2\boldsymbol{H}=0$，介质 2 内无磁力线，即对于介质 1，其背景磁场呈"磁真空"状，这就形成了介质 2 对介质 1 的磁吸附作用趋势。

因此，式（2-18）可修正为

$$\boldsymbol{B}_{mfl}=\boldsymbol{B}_r+\boldsymbol{B}_d-\boldsymbol{B}_c+\Delta\boldsymbol{B}_r \tag{2-26}$$

式中，$\Delta\boldsymbol{B}_r$ 为磁折射效应在清除背景磁场后的磁感应强度折射偏转增大值。

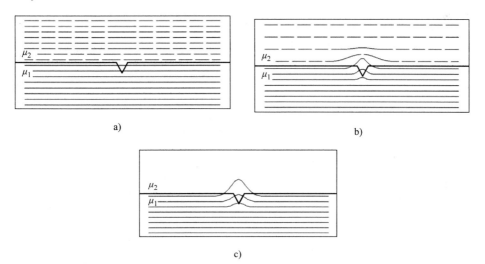

图 2-5　介质 1 与介质 2 在介质分界面处的磁泄漏

a）$\mu_2=\mu_1$　b）$\mu_2<\mu_1$　c）$\mu_2\to0$ 或 $\mu_2=0$

2.3.3　缺陷漏磁场的磁压缩

由前面分析可知，由丁导磁构件的高磁导率使其内部有着高密度的磁通，又由于在缺陷处存在磁折射，使导磁构件内的高密度磁通发生折射，"泄漏"到缺陷附近的空气区域内并形成扩散磁场。但由于前面所分析的较强背景磁压的存在，该扩散磁场在背景磁场的固有物理特性作用下被压缩，最终出现了在漏磁检测方法中存在磁压缩效应，如图 2-6 所示。原本由折射及扩散所形成的磁扩散场分布如图 2-6 中的 a 所示，但实际上，由于较强背景磁场的反向压缩，最终形成如图 2-6b 所示的漏磁场，即磁敏元件实际所捕获的缺陷漏磁场。磁压

缩效应的特征为：缺陷漏磁场的空间范围被压缩，在强度上有所减小。磁压缩效应在漏磁场外围区域表现得更加强烈。背景磁场越强，磁压缩效应越明显。

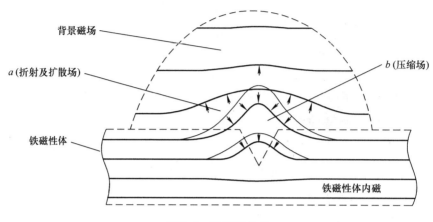

图 2-6　磁压缩效应

为了对上述磁压缩效应的分析与推导进行论证，设计了相关的有限元模型及试验方法。为了避免背景磁场的产生，特建立长路径闭合磁回路，以减小中间缺陷测量区域内的背景磁场。在缺陷漏磁场区域及其附近，另外建立与长路径磁回路不相关联的背景磁场。所采用的证明思路如图 2-7 所示。

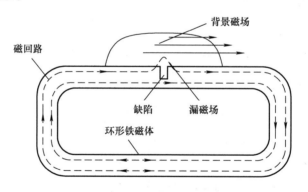

图 2-7　磁压缩效应证明用磁回路

首先，对上述证明回路采用有限元法进行数值计算验证。所对应的有限元模型如图2-8所示。铁磁性材料构成的长路径回路中间位置设置的裂纹尺寸为 2mm（宽）× 3mm（深）× 15mm（长）。通过 RACE 宏命令将"racetrack"电流元建立成跑道形激励线圈而不需要进行网格划分，与电磁铁心Ⅰ、Ⅱ一起构成电磁铁作为回路磁激励源。裂纹附近的背景磁场区通过设置材料特性即磁矫顽力来控制改变其磁场强度。单元类型为 solid 117，求解器选为 JCG（jacobi conjugate gradient），自由网格划分，钢板材料属性的磁导率按照 $B-H$ 曲线输入，永磁体和背景区域的材料属性定义相对磁导率分别为 1 和 1.35。

通过电磁铁的磁激励，获得长路径磁回路中的磁通密度为 46mT，且通过设置背景磁场空间域的磁矫顽力大小来逐级改变背景磁场大小，最终获得缺陷漏磁场与背景磁压之间的关

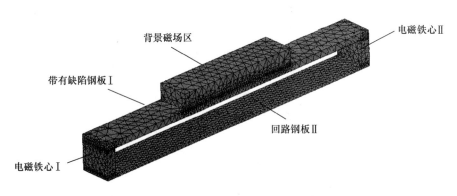

图 2-8　磁压缩效应论证用有限元模型

系，如图 2-9 所示，其中背景磁通密度由 0.05mT 逐渐增大到 230mT，且图 2-9a 所示为背景磁场为地磁场大小（0.05mT）时的缺陷漏磁场，图 2-9h 所示为背景磁场为最大设置时的缺陷漏磁场。

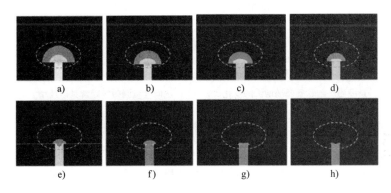

图 2-9　缺陷漏磁场磁压缩效应的磁云图

a）BMD：0.05mT　b）BMD：35mT　c）BMD：50.7mT　d）BMD：75.8mT

e）BMD：101mT　f）BMD：126mT　g）BMD：180mT　h）BMD：230mT

从图 2-9 中可以看出，当背景磁场为地磁场大小（即相当于无背景磁场）时，裂纹漏磁场的空间范围呈现最大，但随着背景磁场的逐渐增大，裂纹漏磁场逐渐被压缩变小，直到背景磁场强度达到一定值时，裂纹漏磁被压缩回缺陷内部，呈现出漏磁场消失的状况，此时，背景磁场强度值是磁回路中磁场的 3~4 倍。由此从裂纹漏磁场分布范围与背景磁场强度的变化关系上看，漏磁场磁压缩效应确实存在。

通过提离值为 3mm 的路径设置，分别获得裂纹漏磁场的切向和法向分量数值随着背景磁场增大的两种变化情况，如图 2-10 所示。

从图 2-10 中可以看出，裂纹漏磁场随着背景磁场的增大而减小，这与前面的磁云图的漏磁场范围分布相一致。并且，从另一方面也说明磁压缩效应使裂纹漏磁场在一定的提离值处强度进一步减弱。

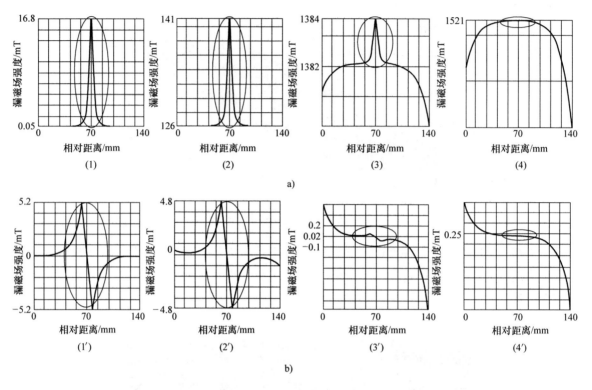

a)

b)

图 2-10　裂纹漏磁场磁压缩效应的数值观察图

a）切向分量漏磁场随背景磁场增大的变化关系　b）法向分量漏磁场随背景磁场增大的变化关系

对在不同的背景磁场强度下所形成的漏磁场的峰峰值点进行曲线拟合，获得如图 2-11 所示的变化关系曲线。从该图中可较清楚地看出，裂纹漏磁场随着背景磁场的增大而逐渐减小，且当背景磁场达到一定的强度（与铁磁性材料内磁感应强度相比）时，裂纹漏磁场呈现消失的状况。

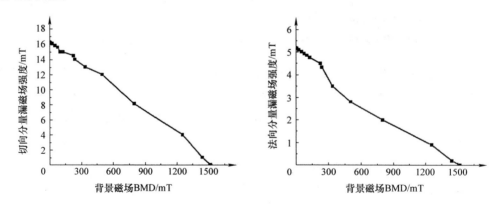

图 2-11　裂纹漏磁场与背景磁场的变化关系

依据上述有限元仿真模型结构组建试验台，对磁压缩效应进行试验验证。与有限元模型不同的是，为了能够在磁回路中产生较强的可调磁场，特采用穿过式线圈（1000 匝）作为长路径磁化回路中的磁化激励源。背景磁场的建立采用永磁体对（大小为 40mm × 30mm × 10mm），并通过更换具有不同磁能积（NdFeB 型，8.0 ~ 239kJ/m³）的永磁体来产生不同强度的背景磁场。通过电火花加工的人工刻槽尺寸为 2mm（宽）×3mm（深）×15mm（长）。为了避免在改变背景磁场过程中霍尔元件的磁饱和，采用印刷感应线圈（电阻约 2.0Ω，匝数为 20）匀速扫查获取刻槽漏磁场的相对变化，线圈与钢板的提离值约为 3mm，与放大器、滤波器、A－D 转换器及计算机处理系统顺序级联。所组建的磁压缩效应试验系统原理如图 2-12a 所示。图 2-12b、c 所示为所组建的试验装置实物及探测线圈照片。

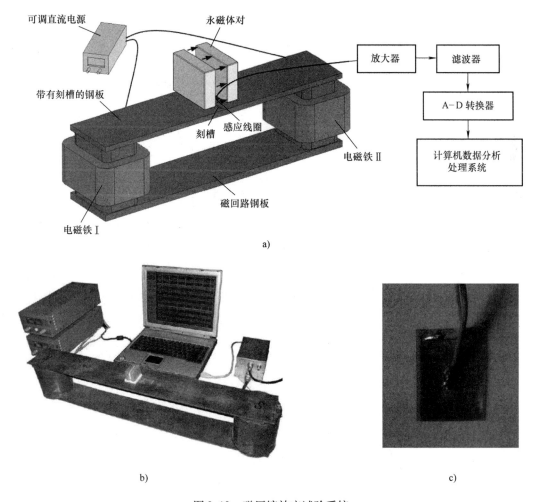

图 2-12　磁压缩效应试验系统
a）磁压缩效应试验原理　b）磁压缩效应试验装置　c）探测线圈

通过更换不同磁能积的永磁体，可分四个等级不断逐级增大的背景磁场，所获得的人工伤的切向和法向漏磁检出信号如图 2-13 所示，其中，a、b、c 和 d 分别为背景磁场不断增大时所获得的检出信号。从该图中可以看出，缺陷漏磁场随着背景磁场的增大而减小，这表明当存在背景磁场时，磁压缩效应也存在，与有限元数值模拟相一致。

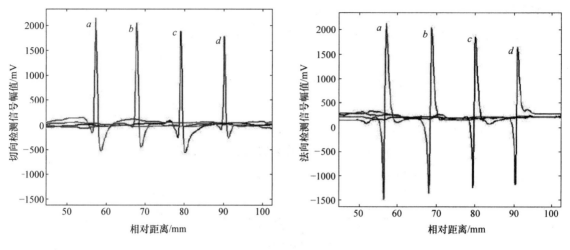

图 2-13   背景磁场不断增大时漏磁检出信号

2.3.4   基于物理场的缺陷漏磁检测信号特征

漏磁检测靠磁敏元件拾取磁场信号，分析漏磁检测信号特征及其物理形成机制，将有助于挖掘检测信号里包含的丰富缺陷信息，从而获得更加精确的缺陷信息。通常所获得的检测信号是由漏磁场的切向或法向分量构成的二维波形图，主要特征为单峰或双峰，通常以峰峰值、峰宽值或陡峭率作为缺陷的主要参照描述参量。

采用逐步细化的多重空气层建模法对缺陷磁泄漏场进行细致的物理构建，在磁泄漏物理场及信号特征相结合分析的基础上，对缺陷漏磁检出信号特征及其物理形成机制进行诠释。获得细致的缺陷泄漏场分布模式——泄漏磁泡，通过对泄漏磁泡背景场色泽过滤处理、磁感应线的层叠标示、正负磁区的划分及扫描路径的规划，进而获得检测信号的特征及其形成机制。

1. 缺陷漏磁检测信号特征及其疑点

在获取待检测铁磁性材料上的缺陷泄漏场时，通常将与磁场平行的磁感应分量称为切向分量，而与磁化场方向以及待检面垂直的分量称为法向分量。经典的检测信号波形如图 2-14a所示的单峰信号和图 2-14b 所示的双峰信号。缺陷检测信号波形的描述参数主要有峰峰值 S_{PP} 及峰宽值 S_W。其中，S_{PP} 主要由缺陷漏磁场的强度所决定，反映的是缺陷的损失截面量（深度）等尺寸；S_W 则主要反映缺陷的开口大小等尺寸。

观察图 2-14a 所示的单峰信号会发现，单峰信号波形的两侧出现了负值，称为负旁瓣。如图 2-15a 所示，将单峰信号放大，发现负旁瓣越发明显，因此，通常所描述的单峰信号实际上为三峰波形，只不过另两个峰值较小而已。依据图 2-15b 所示的现有的缺陷漏磁场磁力线观察模式，无论怎样调节磁力线的密集度，所显示的泄漏场的切向分量始终为单向。为此，当切向分量探测磁敏元件扫描缺陷时，得到的检测信号波形也应该始终为单向，即不会在以正单峰为主体的信号的两侧出现负旁瓣。所以，为什么在单峰信号中出现负旁瓣，是漏

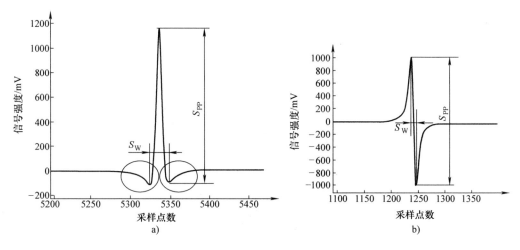

图 2-14　缺陷漏磁检出信号波形

a）漏磁场切向分量检出信号　b）漏磁场法向分量检出信号

磁检测信号特征的疑点之一。

　　另外，从图 2-14 中可以看出，与单峰信号相比，双峰信号中不存在负旁瓣，同时，从正峰值到负峰值是一个迅速的跳变。即在泄漏磁通大小改变最大的同时，磁通量方向也发生改变。而依据图 2-15b 中磁力线的陡峭率来推断，陡峭率从最大正值到最小负值的变化速度相比整个泄漏场的扫描过程来说比较缓慢，则得出正、负峰值之间为一个非迅速跳变过程的结论。

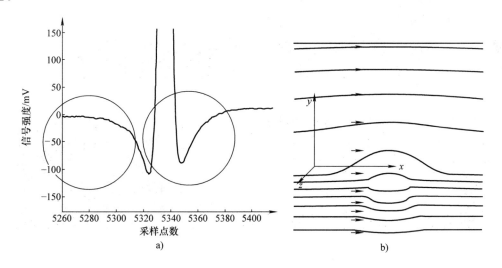

图 2-15　单峰信号的负旁瓣及磁泄漏场的磁力线观察

a）漏磁场检测的单峰信号里的负旁瓣　b）缺陷漏磁场的磁力线观察

　　从单、双峰漏磁检测信号特征可以看出，在现有漏磁检测的应用分析中，缺陷漏磁检测信号特征一直没有很好地与其自身磁泄漏物理场对应起来。由于缺少缺陷漏磁场的准确构建和对漏磁检出信号特征的挖掘分析，导致对缺陷磁泄漏物理场的模糊性以及检出信号特征的认识不明晰，最终导致缺陷漏磁检测反演量化困难。

2. 缺陷漏磁场的细致物理建模

为了能够对上述疑点做出合理的诠释，探索出检测信号特征的物理形成机制，构建更加细致的磁泄漏有限元模型，以获得精细的分布。缺陷的相关信息是以漏磁场来传递表达的，在这里将关注并细化缺陷泄漏场，其主要空间范围为缺陷附近的空气区域。有别于传统的单一空气有限元模型，采用多层空气逐渐细化的建模方式，如图 2-16 所示。该方法的具体步骤为：①建立包含关系的三层空气区域，如图 2-16a 所示；②第一层空气层为缺陷附近空间区域，进行单独的网格细化，尽显其泄漏场的细致之处，如图 2-16b 所示；③第三层构建整个磁激励场的传递空间，使磁场导入到被检测导磁构件内，但不需要过分细化，以减少计算量，如图 2-16c 所示；④中间的第二层起着第一层与第三层网格划分的过渡作用。由于第三层空气区域较大，网格划分较粗略才能减少计算量以迅速完成计算，而第一层空气区域较小以便能够很好地细化网格，获得更加细致、精确的缺陷漏磁场分布。当网格差异较大时易形成网格划分的畸变，所以采用第二层空气区域作为网格划分的过渡。此时，缺陷附近的铁磁性材料可与第一层细致空气区域形成接近的细化网格，如图 2-16d 所示；细化的缺陷附近待检测体如图 2-16e 所示，最终使得缺陷附近的场的分布计算很精确。

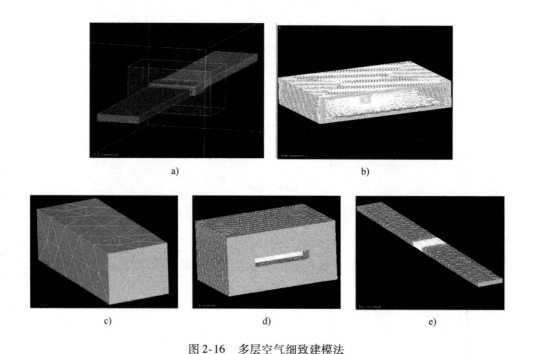

图 2-16　多层空气细致建模法

a）多层空气模型　b）第一层细致空气区域　c）第三层粗略空气区域

d）第二层过渡空气区域　e）细化的缺陷附近待检测体

由上述多层空气逐渐细化建模的方法，可获得铁磁性材料上如孔、横向伤及轴向伤的漏磁场细致分布，如图 2-17 所示。

a)

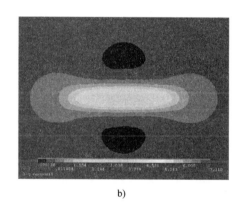

b)

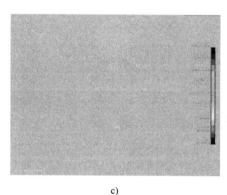

c)

图 2-17　孔、横向伤及轴向伤的漏磁场细致分布

a）孔附近漏磁场分布　b）横向伤附近磁场分布　c）轴向伤附近漏磁场分布

　　在观察方法上，由于传统磁力线只是磁矢量方向的一种粗略描述方式，难以观察到磁现象的细微之处。所以，采用磁感应云图显示，并进行磁感应云图的细化。通过多层空气建模数值模拟方法，按照漏磁检测方法实施过程中的习惯扫描方法，在沿着磁梯度方向上获得如图 2-18 所示的类似于"泡"状的缺陷泄漏场。

　　从图 2-18 可以看出，磁泄漏场并非简单的单向泄漏，而是呈气泡边界状分布扩散，可称之为"泄漏磁泡"。它由磁场中感应线的不交叉、排斥和封闭性的固有物理特性综合所致。很明显，"泄漏磁泡"的特有形状直接影响缺陷漏磁检测信号。当然，此时的"泄漏磁泡"是在背景磁场的基础上凸显出来的。所以，为了便于分析缺陷的"泄漏磁泡"形成机理，采用背景磁场的色泽过滤处理，剔除背景磁场，将缺陷的"泄漏磁泡"以绝对形式显示出来，如图 2-19 所示。在图 2-19 中，

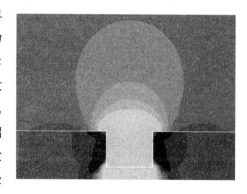

图 2-18　缺陷的"泄漏磁泡"

将磁感应线进行层叠标示，建立 x-y 直角坐标系。依据层叠感应线在 x 轴方向上的投影，

对"泄漏磁泡"进行磁区域划分,分别为 A 区、B 区及 A′区。由磁区与磁感应线在 x 轴方向的对应关系,可知 A 区为负磁区,B 区为正磁区,A′区为负磁区。磁感应线的密集度反映磁场的强弱,可知 A 区、A′区及 B 区的上半部分区域的磁场较强,而 B 区的下半部分区域的磁场较弱。假设磁敏元件的扫描方向平行于 x 轴,设定不同提离值所对应的扫描路径分别为①~⑥。

观察图 2-19,当探测 x 方向漏磁分量(切向分量)的磁敏元件扫描路径为①~③时,要依次通过缺陷"泄漏磁泡"的负磁区 A、正磁区 B 及负磁区 A′,所以,磁敏元件所检出信号值顺次为负—正—负,形成三峰波形;但由于正磁区 B 的下部区域强度比负磁区 A 及 A′的大,所以,出现以正值为主体、两边产生负旁瓣的信号。因为路径经过正磁区 B 的下部强磁区,此时信号幅值 S_{PP} 较大,而通过的所有磁区域跨度较小,所以检出信号的 S_W 较小。当扫描路径为⑤、⑥时,只通过"泄漏磁泡"的正磁区 B 的上部区域的正单向区,检出信号只为正值,负旁瓣不存在;另外,由于通过正磁

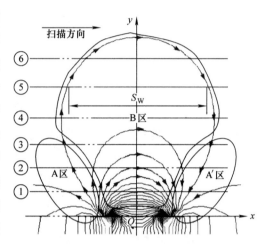

图 2-19 缺陷的去背景磁场"泄漏磁泡"的标示以及磁区 A、B 及 A′的划分

区 B 的上部区域磁场较弱,S_{PP} 变小,但其跨度区域较大,导致 S_W 变大。不同扫描路径①~⑥上磁感应强度的切向分量值如图 2-20 所示。

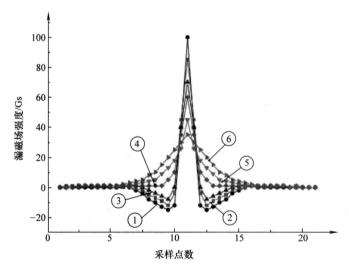

图 2-20 不同扫描路径上磁感应强度的切向分量值

注:$1Gs = 10^{-4}T$。

图 2-20 显示,随着磁敏元件探测提离值的增大,单峰信号波形的负旁瓣从有到无(消

失）；另外，S_{PP} 逐渐减小，但 S_W 却不断增大。

　　采用上述相同的方式，建立 $x-y$ 直角坐标系、磁感应线和磁敏元件扫描路径设定，依据层叠磁感应线在 y 轴上的投影分量，对"泄漏磁泡"进行区域划分，划分为 C 区和 C′区，如图 2-21 所示。可知 C 区和 C′区分别为正负磁区。当测量 y 方向的法向磁分量磁敏元件沿着路径①扫描时，分别通过正磁区和负磁区，获得先正后负的双峰检出信号，并且由于 C 正磁区和 C′负磁区的磁感应线正反的快速切换，使得正峰值迅速跳变到负峰值，形成窄的双峰信号。

　　从图 2-21 可以看出，由于存在着正磁区 C 及负磁区 C′，所以形成相应的正负双峰检出信号。不同扫描路径①～⑥上磁感应强度的法向分量值如图 2-22 所示。泄漏磁区跨度与磁区内磁感应线的密集度也同样影响着 S_W 及 S_{PP}。提离值加大，磁跨区 S_W 增大，而 S_{PP} 减小，最终使信号越来越平缓。

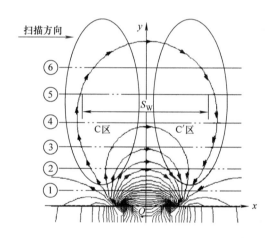

图 2-21　去背景磁场"泄漏磁泡"
的标示以及磁区 C、C′的划分

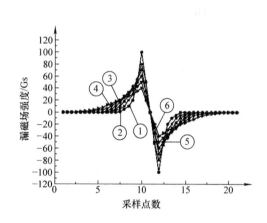

图 2-22　不同扫描路径上磁
感应强度的法向分量值

　　组建试验台，采用霍尔元件进行缺陷泄漏场的拾取。通过调节不同的提离高度①～⑥，获得切向及法向测量分量检出波形图。为了细致地观察波形图的特点，将信号进行了放大调整，如图 2-23 所示。随着提离值的增大，即扫描路径的不同，缺陷漏磁检出单峰信号的负旁瓣随着提离值逐渐减小并消失，而信号跨度却逐渐增大，峰峰值逐渐减小。法向分量检出信号随着提离值的加大，幅值减小，但正负峰值跳变跨度增大，即变得缓慢起来。两者的信号幅值都随着提离值的增大而减小。

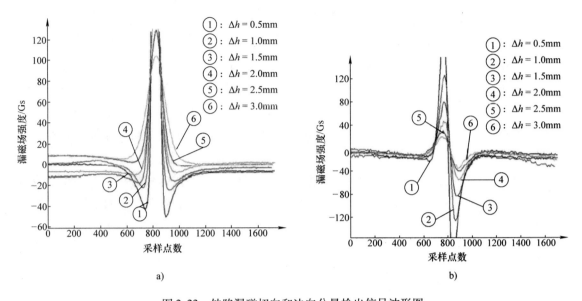

图 2-23　缺陷漏磁切向和法向分量检出信号波形图

a) 缺陷漏磁切向分量检出信号波形　b) 缺陷漏磁法向分量检出信号波形

2.4　漏磁检测方法及其影响因素

2.4.1　常见实施方式

　　基于铁磁性材料高磁导率特性的漏磁检测原理,现有漏磁检测技术的具体实施通常为:采用磁化装置对待检测铁磁性材料进行磁化,在铁磁性材料上缺陷处激励出漏磁场,然后采用磁敏元件拾取该漏磁场信息并将其作为缺陷存在与否的检测评判依据。为此,漏磁检测设备在结构形式上主要是以磁化方式划分的,最为典型的两种结构形式是磁轭式和穿过线圈式,在实际应用中最为普遍的案例就是油井管和钢管自动检测装置。

　　下面进一步分析上述两种典型的漏磁检测设备的结构特点。前一种是采用磁激励源(磁铁或电磁铁)和磁轭构成磁回路的,将磁场导入待检测件内,且待检测件成为该磁回路的一部分,如图 2-24a 所示;后者则是采用穿过式磁化线圈,将其套在待检测件上使其成为铁心而构成磁化,如图 2-24b 所示。磁轭式结构形式的漏磁检测探头多采用高磁能极的永磁体作为磁激励源,具有结构紧凑、体积小,且可形成开合环包式的特点,所形成的便携式漏磁检测仪在井口油管、钢丝绳及储油罐底板等检测中得以应用;而穿过线圈式磁激励方式所形成的多为固定式的漏磁检测装备,具有磁化较均匀、磁化强度可调等优点,广泛应用于细长铁磁性构件的快速自动化无损检测。为了适应钢管上轴向伤的快速检测,磁轭式的形式也略有变化,如图 2-24c 所示的钢管轴向伤周向磁化检测装置,它由对称的穿过式磁化线圈、中间铁心以及四周的磁轭构成磁回路。带有铁心的穿过式磁化线圈产生 N - S 磁极,周向穿过该区域的管壁。

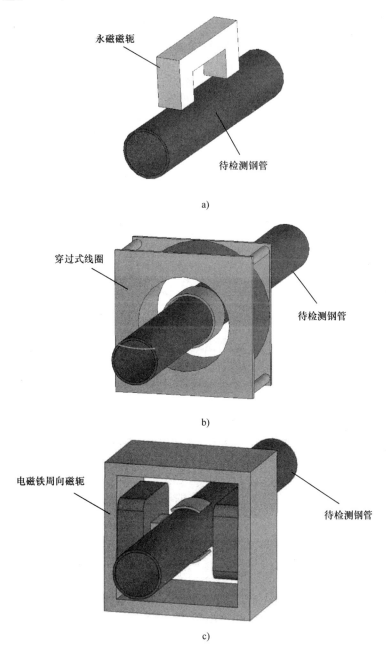

a)

b)

c)

图 2-24　典型漏磁检测装置的结构

a）磁轭式检测装置结构　b）穿过线圈式检测装置结构　c）钢管轴向伤周向磁化检测装置结构

2.4.2　工作特性分析

在现有漏磁检测方法的实施中，其共性是先对待检测件进行磁化而激发出缺陷漏磁场，并布置磁敏元件拾取该缺陷漏磁场。在这些检测设备中，磁敏元件安装的区域中存在着较强的空间磁场，如图2-25所示。通过有限元数值模拟所获得的几种典型漏磁检测装置工作时的空间磁场分布可以发现，在永磁体磁极间或磁化线圈内腔中的空气间隙内充满了空间杂散磁场。

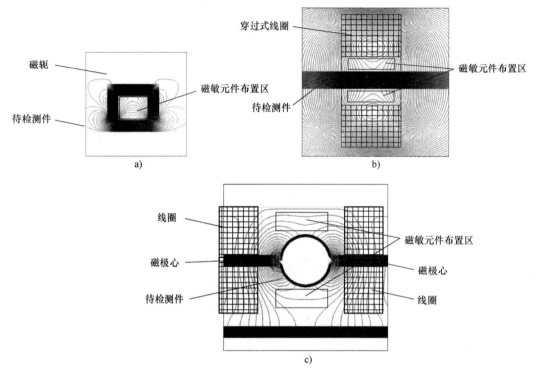

图 2-25　磁化装置中的磁场分布

a）磁轭式结构的磁场分布　b）穿过式线圈内磁场分布　c）磁轭周向磁化装置的磁场分布

由图2-25可以观察出，无论哪种结构形式的磁化器，在磁敏元件的布置区域都存在着较大的杂散磁场，可称为背景磁场。对穿过式磁化线圈，其内腔空气中的背景磁场可达10～100mT。为此，出现了以下两个有待解决的问题：

1）在漏磁检测过程中，接触式的检测探头会因待检测件的运动不稳产生位置和姿态的改变，使其内的磁敏元件在较强的背景磁场作用下产生检测噪声信号，降低了检测信号的信噪比，同时降低了检测的灵敏度，导致微小缺陷难以检出。

2）强大的背景磁场将使绝对式磁敏元件（如霍尔元件）达到磁饱和，从而失去测量能力。

第3章 磁真空泄漏原理及检测方法

3.1 磁真空泄漏原理

对漏磁检测原理认识与解释的不足导致了现有漏磁检测方法在应用中的简单化。漏磁检测装置在工作过程中敏感检测元件处一直存在着较强的背景磁场，这使得它们在无损检测过程中出现了下列问题：①置于背景磁场中的漏磁检测探头易于形成抖动噪声，降低了信噪比，微小缺陷不易检出；②绝对式磁敏元件磁饱和而给不出线性信号；③由于磁压缩的存在，减弱了缺陷漏磁场强度；④为尽量获得最大的信号输出，误解地走向了"零"提离值的接触式探测，加重缩短了探靴的寿命。

较强的背景磁场是产生磁压缩和检测噪声的主要原因。倘若消除掉背景磁场，则式（2-19）可修正为

$$\boldsymbol{B}_{\mathrm{mfl}} = \boldsymbol{B}_{\mathrm{r}} + \boldsymbol{B}_{\mathrm{d}} + \Delta\boldsymbol{B}_{\mathrm{r}} \tag{3-1}$$

式中，$\Delta\boldsymbol{B}_{\mathrm{r}}$ 为磁折射效应在清除背景磁场后的折射偏转增大值。

对比式（3-1）与式（2-19）可见，消除了背景磁场后更加有利于缺陷漏磁场的产生及检测，所以有别于现有的泄漏磁场检测方法，人们提出了一种磁真空泄漏检测原理：人为地清除较强的背景磁场，让被磁化的待检测导磁构件体内的磁通在缺陷处无反向磁压、最大化地折射并泄漏扩散到所创造的磁真空区域，形成最大化的缺陷漏磁场，如图3-1所示。磁敏元件布置于磁真空区内，在背景磁噪声小的状况下拾取该最大化的泄漏场，有效消除测量过程中不平稳运动产生的噪声信号。该方法的实施如图3-2所示。

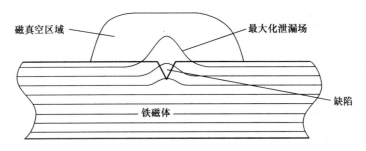

图 3-1 缺陷磁真空泄漏原理

图3-3给出了一种创建磁真空的方法：采用 U 形磁屏蔽器，收集待检铁磁体外背景磁场并将其引导开，形成局部磁真空区域。当然，所形成的磁真空区域的"磁真空度"与磁屏蔽器的屏蔽效果有关，实际上只能尽可能地减小背景磁场以形成接近磁真空，使缺陷的磁

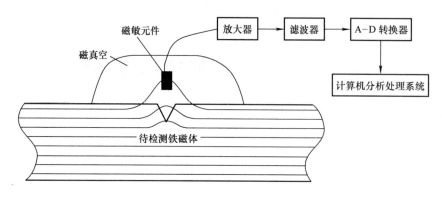

图 3-2 基于磁真空泄漏原理的漏磁检测方法

泄漏也尽可能地最大化；另一方面，在施加磁激励时，尽可能地减小空间发散的磁场，可尝试着在亥姆霍兹线圈磁化结构的基础上进行改进，然后将磁屏蔽器放置于两磁化线圈的中间，这样可能会得到较为干净的接近磁真空区域。在创建磁真空泄漏物理环境的具体实施过程中，绝对的磁真空区域是不易获得的。

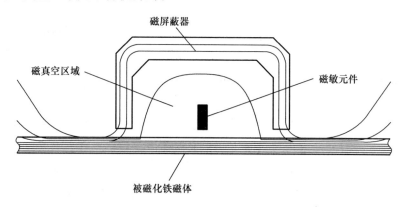

图 3-3 一种创建磁真空的方法

3.2 磁真空泄漏检测方法及其特性

已有的对漏磁检测原理的解释比较粗略，因而在具体应用中也较为简单。与之相比较，磁真空下的漏磁检测方法具有以下特性：

1）已有的漏磁检测技术认为"零"提离值的检测方式信号最大，因而在检测探头设计中遵守的是磁敏元件越接近被测表面越好的原则，为此：①检测探头使用寿命短；②由于探头的磨损改变了提离值，使得设备需要不断标定；③探头紧贴被检件运动的浮动跟踪机构复杂，端头的检测盲区大；④不能适应高温导磁构件的探伤。本章提出的磁真空泄漏检测原理，可以打破越近越好的设计原则，实现远距离的、非接触式的漏磁检测。

2）在已有的漏磁检测方法中，磁检测探头放置于强的背景磁场中，探头抖动时易形成噪声，而检测过程中探头的抖动是不可避免的；而在磁真空泄漏检测方法中，磁敏探头置于磁真空区域内，如图 3-4 所示，其抖动不再易形成磁噪声，从而显著提高了信噪比及探头的检测灵敏度。

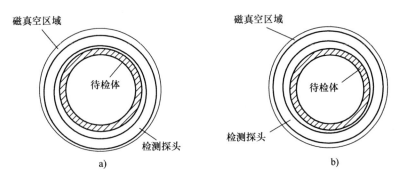

图 3-4 漏磁检测探头抖动磁噪声的避免

a）检测探头抖动 b）待检体抖动

3）缺陷漏磁场得到最大化，形成单一的缺陷漏磁矢量，这有助于简化缺陷的定量检测评估的难度。在常规漏磁检测中所捕获的漏磁场，实质上是缺陷真实泄漏场（缺陷磁真空泄漏场）与较强背景磁场的一种矢量叠加量，最终检测到的漏磁场是"磁真空"缺陷泄漏场与"非磁真空"背景磁场的叠加的表现，如图 3-5 所示。

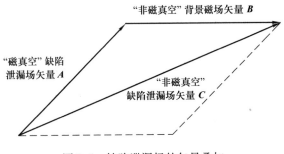

图 3-5 缺陷泄漏场的矢量叠加

从图 3-5 中可以看出现有漏磁检测时缺陷泄漏场的矢量关系为

$$C = A + B \tag{3-2}$$

式中，C 为"非磁真空"缺陷泄漏场矢量；A 为"磁真空"缺陷泄漏场矢量；B 为"非磁真空"背景磁场矢量。

可见，在"非磁真空泄漏"漏磁检测当中，对缺陷进行定量检测是较困难的，因为它是两种磁场叠加运算后的矢量。在这里，"磁真空泄漏"所形成的缺陷泄漏场才是与缺陷相对应的最原始表现量。

3.3　磁真空泄漏检测仿真及试验验证

首先采用有限元法进行仿真。建立如图
3-6 所示的有限元模型，主要由磁化线圈、
磁屏蔽器（旋转截面为 U 形）、铁磁性材料
及空气区域构成。其中，用以形成磁真空区
域的磁屏蔽器区位于磁化线圈内腔中央；在
磁屏蔽器的中间位置处的局部铁磁性材料上
建有 1mm 宽、0.8mm 深、15mm 长的横向
刻槽。另外，磁屏蔽器区域的材料设置为铁
磁性材料和空气时，其模型分别代表所提出

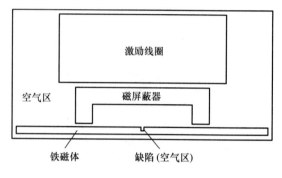

图 3-6　磁真空泄漏检测有限元仿真模型

的磁真空泄漏检测方法和常规的漏磁检测方法。在这里，将磁真空泄漏原理与其相应检测方
法的效果与没有磁屏蔽器时的结果进行对比。同时，旋转截面为 U 形的磁屏蔽器模型的尺
寸主要依据整个模型规格而设置，其 U 形的中间跨距不能太小，否则可能起反作用，即聚
磁而增大该区域的背景磁场。

通过数值计算，发现磁屏蔽器确实能够起到尽可能地消除背景磁场的作用，其磁屏蔽效
果如图 3-7 所示。

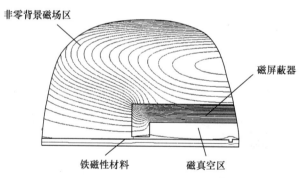

图 3-7　磁屏蔽器的磁真空仿真结果

进一步的仿真获得了同一刻槽在真空磁泄漏和有背景磁场条件下所产生的漏磁场分布，
如图 3-8 所示。其中图 3-8a、b 和图 3-8c、d 分别是刻槽的磁真空泄漏与常规磁泄漏的磁力
线与磁云的分布图，图 3-8e、f 和图 3-8g、h 分别是局部放大后的刻槽磁真空泄漏与常规磁
泄漏的磁力线与磁云的分布图。通过观察可以得出，磁真空泄漏所形成的刻槽泄漏场要比常
规磁泄漏有所加强，特别是随着磁屏蔽空间范围的增大其表现尤为明显。

参照上述有限元仿真模型，建立相应试验系统对所提出的原理及方法进行试验验证。试
验系统原理如图 3-9 所示，匝数为 3000 的穿过式磁化线圈对外径为 $\phi 60mm$（壁厚为 9mm）

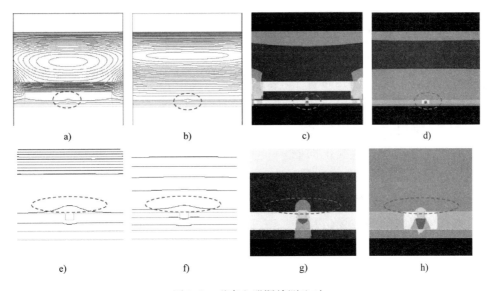

图 3-8　磁真空泄漏检测比对

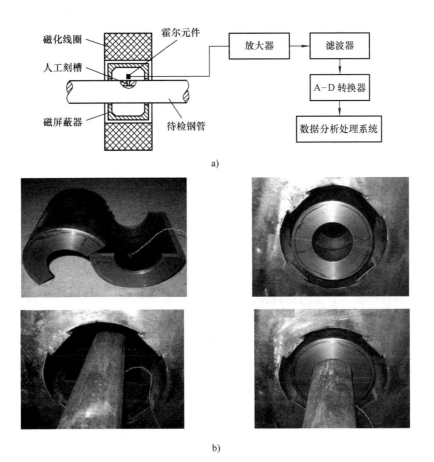

图 3-9　磁真空泄漏检测方法的试验系统

a）磁真空泄漏检测方法试验系统示意图　b）磁真空泄漏检测方法试验系统照片

的钢管（其上通过电火花加工有 1mm 宽、2mm 深、20mm 长的横向刻槽）进行局部轴向磁化，用以拾取人工伤漏磁场的霍尔元件（3515）并布置于磁屏蔽器的中央，霍尔元件提离值为 3mm。试验时，使用和不使用磁屏蔽器时的检测状况分别代表所提出的磁真空泄漏和传统的漏磁检测方法。另外，采用钢管沿其轴心线匀速直线运动的扫描方式实现缺陷漏磁场信息的获取。其所捕获到的电压信号经过放大器、低通滤波器、A－D 转换器输送到计算机分析处理系统并进行记录。

通过霍尔元件拾取缺陷漏磁场的切向和法向分量，分别获得如图 3-10 所示的磁真空泄漏检测信号①和常规漏磁检测信号②。

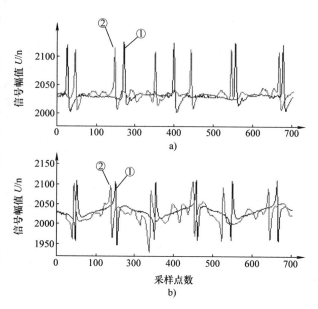

图 3-10　磁真空泄漏检测方法获得的检出信号
a）切向分量　b）法向分量

从图 3-10 可以看出，在信号幅值上，磁真空泄漏检测信号比常规漏磁检测信号大，这与有限元仿真的结果一致。同时，前者的信噪比要比后者好。另一方面，在试验过程中，发现当外加磁场进一步增大时，常规漏磁检测方法中的霍尔元件很快达到满量程，而给不出缺陷信号；但在磁真空泄漏试验中，由于屏蔽背景磁场，在磁真空区域里却不会出现这一现象。另外，提离值越大，对比效果将会越明显。

3.4　缺陷漏磁场的异变与失真

在图 3-6 所示的有限元模型中，分 11 次不断增大磁激励来观察刻槽漏磁场的变化情况。通过对磁屏蔽器材质改变的数值进行计算，分别获得常规漏磁检测方法及其修正后的刻槽在提离值为 2.5mm 的法向和切向分量漏磁场值作为纵坐标，以磁场磁感应强度作为横坐标，得到图 3-11 所示结果。从该图中可以看出，常规漏磁检测中刻槽漏磁场并不是随着导磁构件的深度饱和先增加后逐渐保持恒定不变的，而是随着磁场的增大先增大，但在后续的强磁化区，刻槽漏磁场却发生了异变，即出现反减现象。其中，切向分量在减小的过程中又出现了回升。但在通过磁屏蔽器消除或减弱了背景磁场后，刻槽的泄漏场在空间范围和强度上均有所增大。并且在后续的强磁化状态时，在磁真空泄漏中，由于不存在磁压缩或者磁压缩作用减小，导致刻槽漏磁场的空间范围和强度并没有消减，也不存在反减现象，而是继续随着导磁构件的深度饱和而最终逐渐趋于稳定。通过磁屏蔽器消除或减小背景磁场的反向磁压缩后所形成的缺陷真实漏磁场，是其失真与异变的一种修正结果。

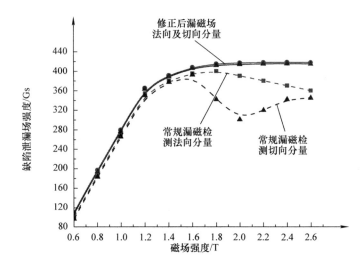

图 3-11　常规漏磁检测方法中刻槽漏磁场的失真与异变的数值模拟与修正后的结果对比

常规漏磁检测方法中的刻槽漏磁场的失真与异变，可从常规漏磁检测及其修正后的有限元仿真结果的对比中观察得到，如图 3-12 所示。其中，图 3-12a 所示为磁化强度逐渐增大的中间过程。明显的，在相同外加磁激励强度下，与修正后的漏磁场（图 3-12b）相比，刻槽漏磁场有所减小，即存在失真。另外，当磁场在某一阶段逐渐增大时，漏磁场反而随着背景磁场的增大而发生逐渐减小的异变；而经过磁泄漏的修正后这一异变现象则消失了。

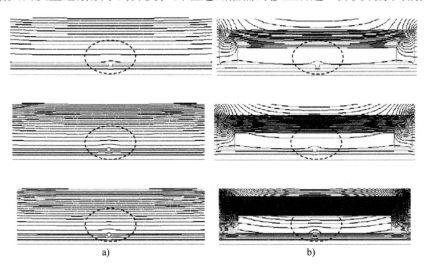

图 3-12　磁真空与常规漏磁检测效果对比
a）常规漏磁检测法　b）磁真空泄漏漏磁检测法

用图 3-9 所示的试验装置进行缺陷漏磁场失真与异变的验证。为了能够迅速地观察到变化结果，改用多台大功率可调直流电源组合对磁化线圈提供逐级增大的可调磁激励电流，且直接将磁化强度设为四个等级进行增大调节。并且为了消除磁传感器扫查速度等其他因素的影响，在每个磁化阶段进行多次扫查并记录信号，以检验其重复性，记录平均信号幅值。所获得的常规漏磁检测及其修正后的刻槽检测信号波形如图 3-13 所示。

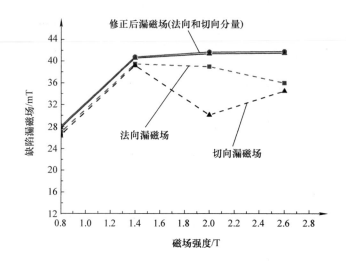

图 3-13　常规漏磁检测中的异变、失真及其修正

从图 3-13 可以看到，通过对常规漏磁检测方法的修正，即采用磁真空泄漏检测方法后，钢管上的缺陷漏磁场随外加磁激励场的关系获得修正。在外加磁激励场逐渐增大的过程中，常规漏磁检测中缺陷漏磁场呈现出先增大后减小的变化趋势，这与前面的理论分析及有限元数值模拟相一致。试验过程中所获得的检出信号如图 3-14 所示，同样可观察到缺陷漏磁场的异变与失真，并且通过磁真空泄漏检测方法的实施，缺陷漏磁场的异变与失真获得了修正。

缺陷磁泄漏与介质的磁导率和体内的磁化状态有关，还与介质分界面的磁压差有关，这里可采用另外一种形式来对缺陷漏磁场 $\boldsymbol{B}_{\mathrm{mfl}}$ 进行初步描述，即

$$\boldsymbol{B}_{\mathrm{mfl}} = K \frac{\mu_2}{\mu_1} f(\boldsymbol{B}_1 - \boldsymbol{B}_2) \tag{3-3}$$

式中，K 为调节系数；$\boldsymbol{B}_1$ 和 $\boldsymbol{B}_2$ 分别为铁磁性材料和空气中的磁感应强度；f 为递增函数。

代入空气磁导率 $\mu_2 = 1$，可得

$$\boldsymbol{B}_{\mathrm{mfl}} = K' f(\boldsymbol{B}_1 - \boldsymbol{B}_2) \tag{3-4}$$

式中，K' 为调节系数，对漏磁检测中的常用对象（铁磁体和空气）来说，μ_1 也为定值常数。

由式（3-4）可知，随着外加磁场的不断增大直到导磁构件呈现饱和状态时，由于此后的空气内的磁感应强度会不断地增大，会导致 $\boldsymbol{B}_1 - \boldsymbol{B}_2$ 反而减小。因此，会出现在后续的磁化状态下，缺陷漏磁场减小的现象。具体表现为：法向分量减小，而切向分量由于漏磁场空间范围的压缩先减小，但又可能出现由于压缩而使切向分量增大的异变。

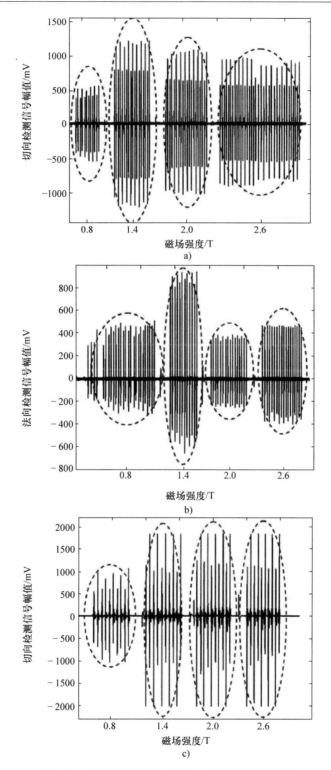

图 3-14　常规漏磁检测中异变、失真及其修正信号

a）常规漏磁检测法中的缺陷切向检测信号随磁场变化情况　　b）常规漏磁检测法中的缺陷法向检测信号随磁场变化情况

c）修正后的缺陷切向检测信号随磁场变化情况

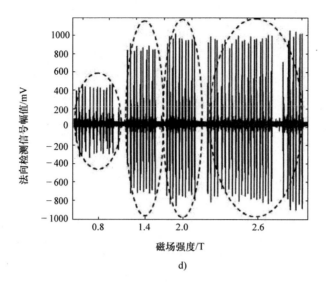

d)

图 3-14 常规漏磁检测中异变、失真及其修正信号（续）

d）修正后的缺陷法向检测信号随磁场变化情况

第 4 章　基于非常规磁化的检测方法

漏磁检测理论表明：当磁化方向与缺陷方向平行或近似平行时，缺陷几乎不能产生可检出漏磁场，形成了伤的垂直检出特性，进一步形成了钢管轴向磁化检测横向（管道周向）伤和周向磁化检测轴向（管道轴向）伤技术。为了完成钢管全方位走向伤的全面快速检测，往往顺序采取上述两种技术。常规漏磁检测中单一的轴向伤检测单元只能形成小于 360° 的扇形管壁检测区，所以目前对于钢管全方位伤的全面自动检测是通过检测装置与钢管做螺旋推进的相对运动扫查方式得以完成的。这种螺旋推进的相对运动扫查方式将钢管的检测速度限制在小于 2.5m/s，检测效率低，难以适应我国钢管生产、制造工艺的发展要求；同时，不能实现自身难以做旋转运动的钢管（如连续油管、方管等）纵、横向伤的全面检测，也不能完成轴向焊缝上轴向伤的检测。目前，随着生产效率的提高，对钢管检测速率也有所要求，同时，检测对象也逐渐扩展到不同类型钢管的全面检测，如连续油管、方形钻具、钢轨等。为了能够适应目前社会生产的迅速发展，有必要探索出高速漏磁检测技术，并开发出相应的高速漏磁检测设备。

本章在分析现有钢管旋转漏磁检测技术的基础上，提出了基于正交磁化的钢管非旋转高速漏磁检测技术，并开发出相应的检测装备；对钢管周向磁化特性进行了有限元分析，并对周向磁化器进行了优化设计。

4.1　基于正交磁化的检测方法与装置

4.1.1　钢管正交磁化漏磁检测方法

实现钢管不旋转、探头也不旋转的检测方法的主要困难在于轴向伤的检测。要想避开螺旋扫查，需要在钢管和探头之间做环向闭合扫查，如同横向伤的检测。为此，必须消除周向磁化时轴向裂纹激发的盲区。用沿钢管轴向不同位置周向错开 90° 放置两套轴向伤检测单元，形成如图 4-1a 所示的周向正交磁化方式，这样前一套的检测盲区被后一套弥补，如图 4-1b 所示。

环抱于钢管的检测探头沿圆周的覆盖范围满足

$$DZ + DZ' + DZ'' + DZ''' > C_{pipe} \tag{4-1}$$

式中，C_{pipe} 为检测探头布置面圆周的周长。

如图 4-2 所示，如果沿钢管轴向的两套轴向伤检测单元沿管道轴向位置不错开，会由于相邻近的磁极之间形成回路，反而缩短了管壁上周向可用的磁化区域，达不到交叉弥补的目的。

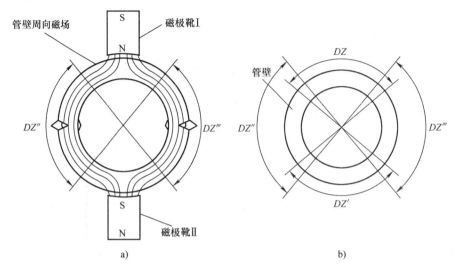

图 4-1 钢管正交周向磁化

a）磁极旋转 90° 的钢管周向磁化　b）正交互补周向磁化

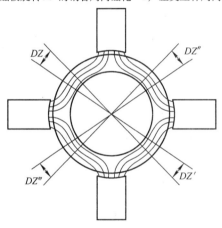

a）

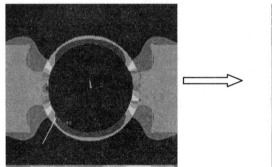
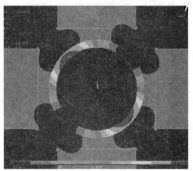

b）

图 4-2 同截面两个周向磁化器布置及磁场分布

a）同截面两个周向磁化器布置　b）同截面两个周向磁化器布置时的磁场分布比对

将圆心角大于 90° 的轴向伤环状检测探头分别布置于钢管轴向错位的周向磁化检测区内，即可实现管轴向直线推进的轴向无损检测。最终形成如图 4-3 所示的基于三个磁化方向磁化的钢管正交漏磁检测系统。由于均不需要做旋转运动，故该技术容易满足钢管高速无损检测的要求。

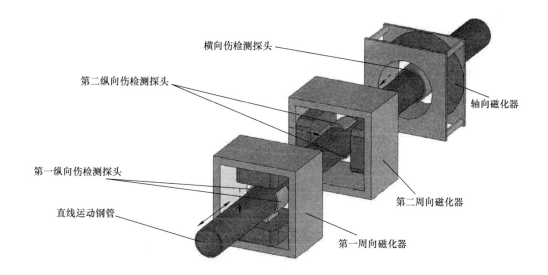

图 4-3　钢管正交漏磁检测

4.1.2　钢管正交磁化优化设计

细长的钢管使周向磁化长径比很小，导致周向磁化要比轴向磁化困难得多。所以，对于正交磁化漏磁检测的磁化装置设计，需要着重考虑的是周向磁化器的优化。

通常情况下，单一的周向磁化器包括磁化线圈及其内的铁心，它们的结构尺寸直接影响着周向磁化效果。建立钢管周向磁化的三维有限元模型，如图 4-4 所示，其中，采用 RACE 宏命令建立跑道形线圈作为磁化线圈，无须赋予材料属性和划分网格。

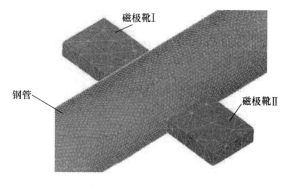

图 4-4　钢管周向磁化三维有限元模型

对上述有限元模型进行数值模拟，获得了如图 4-5 所示的钢管周向磁化时管体和空间背景磁场的周向展开分布。从该图可以看出，管壁内的磁场及背景磁场越靠近，磁极越强烈，且磁场强度变化陡峭，远离两磁极时逐渐减弱，在两磁极中间区域磁场最弱，但变化最为平缓，即该区域的磁场在周向上的强度分布较为均匀。根据第 3 章介绍的磁真空泄漏原理，背景磁场越强，对缺陷漏磁场的形成以及检测越不利，所以，有效检测区域划分为中间的 −45°~45°区域。

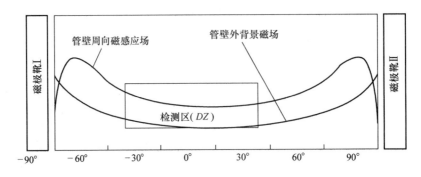

图 4-5 钢管周向磁化时管体及空间背景磁场的周向展开分布

轴向伤周向检测盲区（*NDZ* 或 *NDZ′*）和可检测区（*DZ* 或 *DZ′*）分别如图 4-6a、b 所示。从图 4-6b 中可以确定此时轴向伤可检测区（*DZ* 或 *DZ′*）为一个有限的区域，并且区域大小在管道周向和轴向上存在非规则的渐变变化。

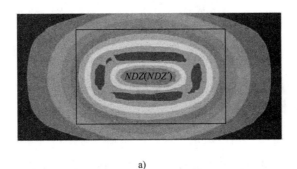

a)

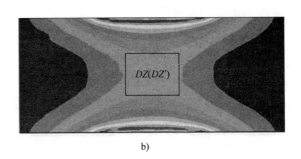

b)

图 4-6 钢管单一周向磁化时的磁场分布

a) 钢管单一周向磁化时的检测盲区（*NDZ* 或 *NDZ′*）　b) 钢管单一周向磁化时的可检测区（*DZ* 或 *DZ′*）

为了进一步分析钢管周向磁化特性，对周向磁化区进行划分，如图 4-7 所示。其中，靠近两个磁极的非均匀区为检测盲区，中间较为均匀的为可检测区，其余的为过渡连通区。可检测区始终为一个有限的区域，其大小受磁极结构参数影响。

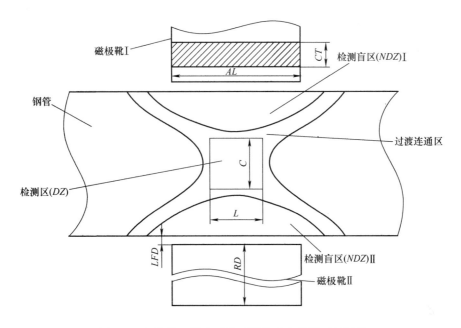

图 4-7　钢管单一周向磁化时管体磁化特性区域划分

由于正交磁化的对称互补关系，检测区域周向宽度 C 有如下关系：

$$C = DZ = DZ' = DZ'' = DZ''' \tag{4-2}$$

根据式（4-1），必须满足

$$4C > C_{\text{pipe}} \tag{4-3}$$

从而有

$$C > \frac{1}{4} C_{\text{pipe}} \tag{4-4}$$

同时，由于检测探头环抱钢管时存在宽度，检测探头在轴向上的宽度尺寸 W_{sensor} 与检测区域的轴向有效距离 L 应该满足如下匹配关系：

$$L > W_{\text{sensor}} \tag{4-5}$$

式中，W_{sensor} 为检测探靴轴向长度。

周向磁化器极靴的尺寸主要包括：周向宽度（CT）、轴向长度（AL）、径向厚度（RD）以及磁极靴面与钢管管壁的提离距离（LFD）。所获得的钢管周向有效磁化区大小 DZ（主要是尺寸 L 及 C）与磁极靴的结构参数之间的影响关系如图 4-8 所示。

同样也可通过计算得到钢管外周向背景磁场与磁极靴结构尺寸之间的变化关系，如图 4-9 所示。

从图 4-8 和图 4-9 可以看出，检测区的周向尺寸 C 刚开始随着磁极靴周向宽度 CT 的增大而增大，但到后来反而减小，而管外的背景磁场却一直呈现增大的趋势，所以，磁极靴周向宽度 CT 不能过大。检测区随着磁极靴的轴向长度 AL 和径向厚度 RD 的增大而增大，但对检测区周向尺寸 C 的影响不大。另外，磁极靴提离值越小，磁化效果越好。

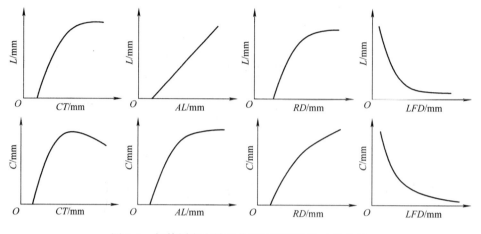

图 4-8　钢管周向有效磁化区与磁极靴尺寸的关系

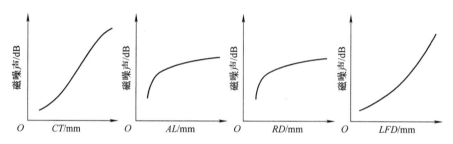

图 4-9　钢管外周向背景磁场与磁极靴尺寸的关系

4.1.3　钢管正交磁化漏磁检测系统

钢管正交磁化漏磁检测系统如图 4-10 所示。为了减小设备安装空间，在正交磁场互不影响的前提下，将每个正交磁化单元沿着钢管轴向尽可能地靠近，作为正交磁化漏磁检测主机，再配置信号处理、数据采集和控制系统，最终形成自动化无损检测系统。

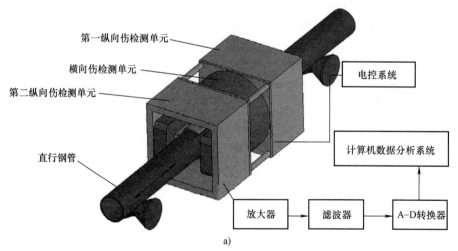

图 4-10　钢管正交磁化漏磁检测系统

a）钢管正交磁化漏磁检测系统原理图

b)

图 4-10 钢管正交磁化漏磁检测系统（续）

b）钢管正交磁化漏磁检测系统样机

钢管正交磁化器如图 4-11a 所示，轴向伤磁化器的两个磁场方向分别为水平方向和垂直方向，周向伤磁化器布置在两个轴向伤磁化器之间。布置于检测区磁真空屏蔽罩之中的轴向伤检测瓦状探头如图 4-11b 所示。

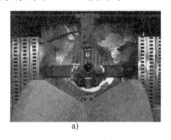
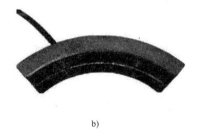

a) b)

图 4-11 正交磁化器及检测探头照片

a）正交磁化器 b）轴向伤检测瓦状探头

采用上述正交磁化漏磁检测系统，对制作有标准 N10（深度为壁厚的 10%、长为 25mm）人工纵向、横向刻槽的钢管进行直线高速运动扫查，获得其检测信号波形如图 4-12 所示。

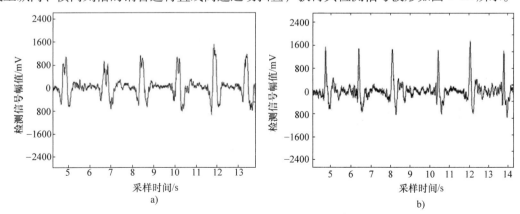

图 4-12 钢管正交磁化漏磁检测系统检测信号波形

a）纵向刻槽检测信号 b）横向刻槽检测信号

4.2　永磁扰动检测方法

区分钢管内伤及外伤是漏磁检测反演研究中伤的位置及类型确定的首要工作。只有先进行了内、外伤区分后才能够更好地实现相同损伤当量伤的统一评判。由于单一的漏磁检测方法难以获得独立的内、外伤信息，有必要采用辅助检测方法实现内、外伤的判别。

现有区分钢管内、外伤的方法可分为前端传感器物理区分法和后端检测信号处理区分法。由于后端检测信号处理区分法是一种反演过程，存在解的多样性，很难达到100%的区分，甚至有研究者认为内、外伤难以区分。而前端传感器物理区分法则非常直观、可靠，只要找到一种检测方法仅对外伤敏感即可。

由于趋肤效应，涡流检测方法是检测外伤的首选方法，但在饱和磁化条件下，涡流检测信号已非仅对表面伤灵敏，对内伤也产生响应，此时，涡流检测信号受铁磁性材料非线性、磁化不均匀性和缺陷漏磁场的影响占了主要地位。

本节给出一种检测表面伤的新方法：永磁扰动检测方法。将该方法与常规漏磁检测相结合，形成的钢管内、外伤区分方法如图4-13所示。永磁扰动只对外伤敏感，用以检测外伤；而漏磁检测对内、外伤均可实现检测，通过与永磁扰动测得的外伤检测信号进行对比，可以有效去除漏磁检测信号中的外伤检出信号，而仅保留内伤检测信号，最终使外伤和内伤混合的漏磁检测信号一分为二：内伤为一类独立的信号，外伤为另一类独立的信号。

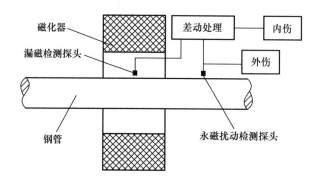

图4-13　基于复合检测手段的内、外伤区分方法

4.2.1　永磁扰动无损检测原理

磁场的主要固有物理特性有：磁能尽可能趋近低势稳态；磁力线彼此不交叉，具有相斥性和封闭性，且路径最短，在磁极处最密。当磁相互作用的局部发生变化时，由于磁能要趋近低势稳态，会引起局部磁场强度或磁感应强度的突变。在磁场的上述固有物理特性的约束下，该局部磁场的突变会引起磁通密度变化，产生磁收缩、膨胀以及磁力线重构，并遵循介质分界面处磁感应强度的法向分量连续和磁场强度切向分量连续的规则进一步扩散，最终引

起大范围的变化，即磁扰动，它普遍存在于各种电磁作用场中。磁扰动的形成与扩散，也是短时间内电磁场中诸多不稳定性的一种结果，如扭曲不稳定性、漂移不稳定性、互换不稳定性及耗散不稳定性等宏观变化。磁相互作用场中，从初稳态到出现扰动再到次稳态，经历了扰动源的扩散与衰变，最终以扰动的衰减而结束，这一过程的出现与衰减存在着电磁能、机械能以及热能的转换。

假设原有稳态磁场为 $\boldsymbol{B}_0$，引入扰动量 $\xi\boldsymbol{B}$，则磁扰动方程可描述为

$$\boldsymbol{B} = \boldsymbol{B}_0 + \xi\boldsymbol{B} \tag{4-6}$$

通过拉格朗日变换，可获得由 $\xi\boldsymbol{B}$ 所引起的磁扰动 $\delta_{\mathrm{L}}\boldsymbol{B}$ 为

$$\delta_{\mathrm{L}}\boldsymbol{B} = \nabla \times (\boldsymbol{\xi} \times \boldsymbol{B}) \tag{4-7}$$

通过欧拉变换，可获得由 $\xi\boldsymbol{B}$ 所引起的磁扰动 $\delta_{\mathrm{E}}\boldsymbol{B}$ 为

$$\delta_{\mathrm{E}}\boldsymbol{B} = \boldsymbol{\xi} \cdot \nabla\boldsymbol{B} + \delta_{\mathrm{L}}\boldsymbol{B} \tag{4-8}$$

由式（4-7）及式（4-8）可以得到由磁扰动源 $\xi\boldsymbol{B}$ 所引起的扰动 $\delta\boldsymbol{B}$。

对磁扰动的扩散做进一步描述，建立极坐标系，定义扰动量 $\xi\boldsymbol{B}(r, \vartheta, z)$，有

$$\xi\boldsymbol{B}_{r,\vartheta,z}(r, z) = \frac{1}{2\pi}\int_0^{2\pi}\xi\boldsymbol{B}_{r,\vartheta,z}(r, \vartheta, z)\mathrm{d}\vartheta,\ \xi\boldsymbol{B}_1 \equiv \xi\boldsymbol{B} - \xi\boldsymbol{B};\int_0^{2\pi}\xi\boldsymbol{B}_1\mathrm{d}\vartheta = 0 \tag{4-9}$$

磁场扰动方程细化为

$$\frac{\mathrm{d}r}{\mathrm{d}\vartheta} = \frac{\xi\boldsymbol{B}'_r + \xi\boldsymbol{B}'_{1r}}{\boldsymbol{B}_0 + \xi\boldsymbol{B}_\vartheta}; \qquad \frac{\mathrm{d}z}{\mathrm{d}\vartheta} = \frac{\xi\boldsymbol{B}'_z + \xi\boldsymbol{B}'_{1z}}{\boldsymbol{B}_0 + \xi\boldsymbol{B}_\vartheta} \tag{4-10}$$

可以获得

$$\frac{\mathrm{d}r}{\mathrm{d}z} = \frac{\xi\boldsymbol{B}_r(r, z)}{\xi\boldsymbol{B}_z(r, z)} \tag{4-11}$$

因为 $\xi\boldsymbol{B}_r(r, z) = -\dfrac{\partial A(r, z)}{\partial z}$，$\xi\boldsymbol{B}_z(r, z) = \dfrac{1}{r}\dfrac{\partial}{\partial r}[rA(r, z)]$，式（4-9）可简化为

$$rA(r, z) = \mathrm{const} \tag{4-12}$$

式（4-12）描述了由磁扰动所引起的场变化及其扩散。磁扰动引起磁场的重构及磁力线的重连接，形成所谓"磁岛"。图 4-14 中左边的两个小孔状扰动可传递为右边的单个磁岛。

将永磁体靠近导磁构件，建立磁相互作用，形成磁扰动的环境。以铁磁性材料上的不连续即缺陷作为扰动源，试图获取该扰动源所形成的磁场扰动。在这里，构造二维有限元数值模拟模型，永磁体在铁磁性材料（铁磁体）上方一定提离距离匀速移动，并与铁磁体保持相对姿态不变，着重关注几个关键位置变化点：永磁体经过铁磁体无缺陷处（图 4-15a）、经过铁磁体上缺陷处（图 4-15b~d）。这样，当永磁体在铁磁体上匀速运动时，就会出现局部扰动源从无到有的突变过程。首先，通过有限元法的磁力线观察，获得如图 4-15 所示的

几个状态的磁力线变化图。

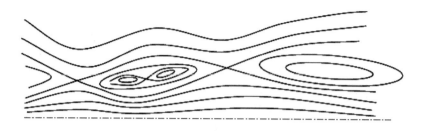

图 4-14　磁场扰动及其传递

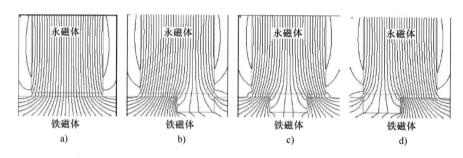

图 4-15　永磁扰动有限元磁力线变化图

　　观察图 4-15，铁磁体上出现不连续即缺陷的磁扰动源时，在缺陷的上方，特别是永磁体内并没有发现明显的异常，这可能是由于永磁体内强大的自身磁场强度掩盖了扰动的影响；另外，由于在有限元的观察模式中，磁力线观察只能较为粗略地反映磁场的趋势，可能是该种观察模式未能较为细致地体现缺陷磁扰动源所形成的磁扰动及其传递。

　　鉴于此，将磁力线的观察方式改为磁云图观察，并对其进行特别细化和色泽过滤处理，最后呈现出清晰的磁分布，磁云图如图 4-16 所示。很显然，从图 4-16b ~ d 可以看出，当铁磁体上出现不连续即缺陷时，永磁体上存在较大的磁扰动变化，并且当缺陷在永磁体正下方时，磁扰动最为强烈，如图 4-16c 所示。

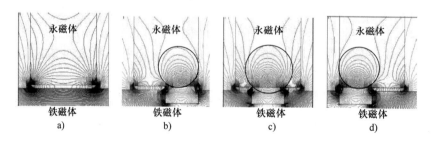

图 4-16　永磁扰动有限元细化磁云图观察

4.2.2　永磁扰动检测方法的实现

基于上述永磁扰动现象，人们可实现一种缺陷永磁扰动检测方法，通过捕获由铁磁性材料缺陷产生在材料表面永磁体上的磁扰动信息，便可获得缺陷存在与否的检测评判依据，这一检测信号由环绕在永磁体上的穿过式线圈得到，检测系统框图如图 4-17 所示。由线圈和永磁体构成的永磁扰动探头与待检测铁磁性材料保持一定的提离距离匀速扫查待检表面，遇到被检测表面上的不连续即缺陷时就会在线圈上产生电压突变，该电压突变经过放大器、滤波器及 A – D 转换器进入计算机进行分析处理，最终完成检测。

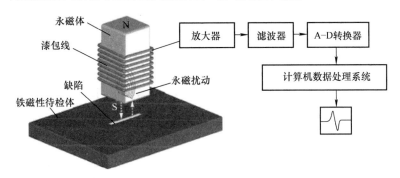

图 4-17　永磁扰动检测系统框图

永磁扰动无损检测的工作过程如图 4-18 所示，具体为：永磁体探头在待检铁磁性材料表面等距离相对移动过程中，当无缺陷出现时，无磁扰动出现（图 4-18a、b）；当缺陷开始出现时，磁扰动开始出现（图 4-18c）；并随着缺陷的逐渐靠近而不断增大（图 4-18d、e）；在缺陷最近时，磁扰动最大（图 4-18e）；随着缺陷开始远离消失，磁扰动逐渐减小（图 4-18f、g），直至消失到初始的无缺陷、无磁扰动状态（图 4-18h）。整个过程中，磁扰动的出现及消失与缺陷的出现及消失呈现出很好的对应关系。

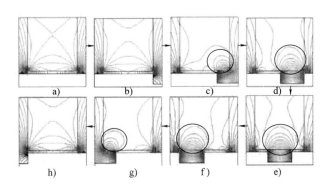

图 4-18　永磁扰动无损检测工作过程

为了验证永磁扰动的存在及相应的永磁扰动检测方法的可行性，制作如图 4-19a 所示的试样，通过电火花加工尺寸均为 0.3mm 宽、0.3mm 深、10mm 长的 5 个刻槽，但走向不同，分别标为 b、c、d、e、f，同时加工一个 $\phi 0.8\text{mm} \times 2\text{mm}$ 的不通孔 a。采用永磁扰动探头沿箭头线方向扫查，获得如图4-19b所示的对应的检出信号。

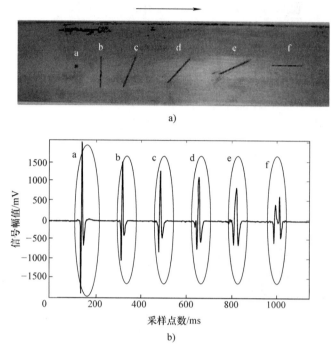

a)

b)

图4-19　试验用试样及检出信号波形

a）测试样板　b）检出信号波形

图4-19表明，永磁扰动检测方法有着较好的缺陷检出能力，能够感应不同走向的刻槽，尤其对垂直于扫查方向的刻槽。主要原因在于刻槽作为扰动源直接造成永磁体的磁场扰动。

4.2.3　永磁扰动检测传感器

永磁扰动检测方法所需要的永磁扰动检测传感器结构简单，易于制作，其制作过程如图4-20所示。直接由永磁体外加穿过式线圈构成一个整体的结构形式，可直接用于检测。当然，通常还会外加一个保护罩，形成如图4-21所示的单体永磁扰动检测传感器。

图4-20　永磁扰动检测传感器的制作过程

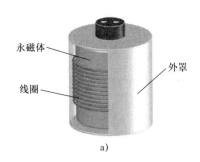 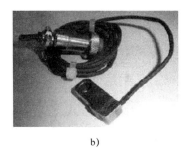

a)　　　　　　　　　　　b)

图 4-21　单体永磁扰动检测传感器结构及实物

a) 单体永磁扰动检测传感器结构　b) 单体永磁扰动检测传感器实物

永磁扰动检测传感器的结构特点影响着其检测工作性能，其主要影响参数有：永磁体磁能积$(BH)_{max}$及直径 D、线圈匝数 N、线圈长度 a、线圈厚度 b、线圈漆包线直径 d、线圈离永磁体端头伸出距离 c 及提离距离 h，具体结构参数如图 4-22 所示。

依据上述结构参数制作不同类型的传感器，对人工伤试验样板进行检测，获得缺陷检出信号并提取其信号峰峰值，并采用 B 样条曲线进行拟合，获得如图 4-23 所示的检测性能与结构参数的影响关系曲线图。

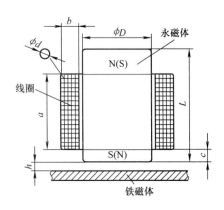

图 4-22　永磁扰动传感器结构主要影响参数

从图 4-23 可以看出，磁能积越大，检测探头越灵敏，因此，可选择磁能积高的永磁体，如 NdFeB 材料系列永磁体。检测信号受永磁体长度 L 的影响不大，但却随着永磁体截面直径 D 的增大呈现先递增后趋于平缓的趋势，特别是当永磁体直径达到 7mm 后，检测信号增长幅度不大。因此，永磁体磁极面积不易过大，这也有助于探头在待检测面上扫查时减小磁作用力，通常情况下，永磁体直径为 1~6mm 为宜。对于环绕在永磁体上的线圈，其直径 d 对检测信号影响不大，所以在保证探头体积可以较为细小的基础上，尽可能地选择直径稍大的漆包铜线作为环绕线圈以方便制作。检测信号与线圈匝数 N 呈现先递增后变化趋缓的特性，所以，为了减小探头体积与制作成本，线圈匝数也不易过大。相反，检测信号幅值随着线圈长度 a、厚度 b 及离永磁体端头伸出距离 c 的增大而减小，所以，线圈尽可能地靠近端头且紧贴着永磁体环绕。根据试验情况，线圈匝数为 30~70，漆包铜线直径为 0.1~1.0mm 为宜。检测信号随着检测探头提离距离 h 的增大而急剧减小，所以在检测时探头应尽可能地靠近待检体。

4.2.4　检测特性

如图 4-24 所示，为了进一步获得永磁扰动检测方法对不同刻槽的检测特性，特别是检出信号与刻槽的长度 l、宽度 w、深度 d 及走向角 θ 等的关系，制作出了 l、w、d 及 θ 不同的

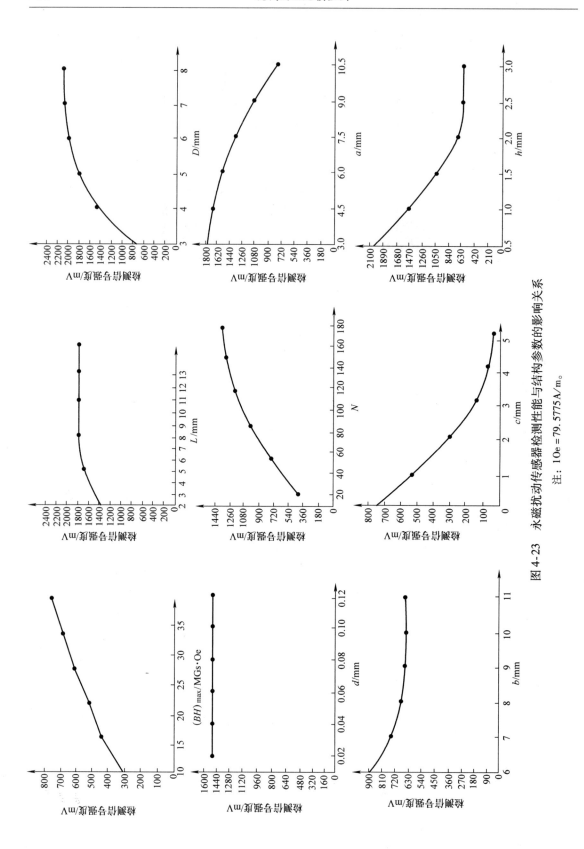

图 4-23　永磁扰动传感器检测性能与结构参数的影响关系

注：10e = 79.5775A/m。

刻槽。试验时永磁扰动检测传感器沿图中 S 向扫描。

　　不同刻槽检出信号特性分析结果如图 4-25 所示。可以看出，检出信号幅值与刻槽的深度 d、宽度 w 及长度 l 均呈非线性增长变化，主要原因是一定磁能积的永磁体和铁磁体所构成的磁相互作用空间有限，超出这一空间尺寸，缺陷引起的磁扰动量减小。另外，检出信号对提离距离变动敏感，易产生抖动噪声，有必要在两个探头间进行差动处理。

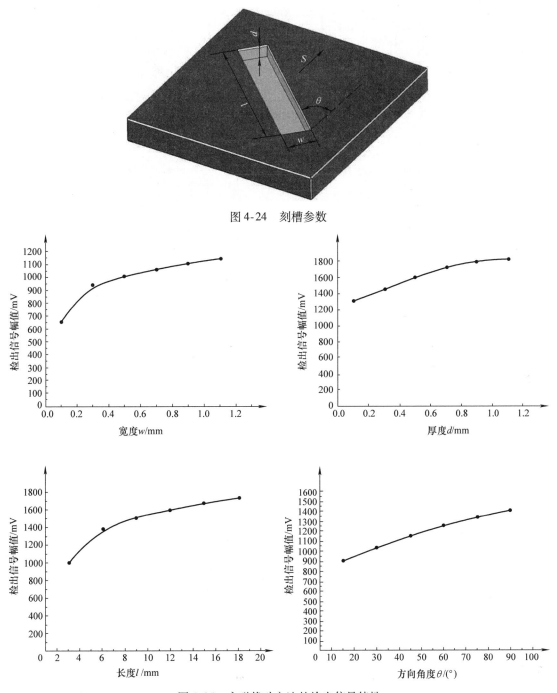

图 4-24　刻槽参数

图 4-25　永磁扰动方法的检出信号特性

　　另外，对于永磁扰动检测探头的提离距离及探头姿态的影响问题进行了有限元数值模拟，获得如图 4-26 所示的磁云图。其中，图 4-26b 相对于图 4-26a 的提离距离增大，图 4-26c 所示为对应探头姿态发生了改变。从图 4-26 中可以看出，检出信号与探头的姿态及提离距离有一定的影响关系。

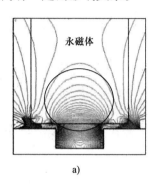 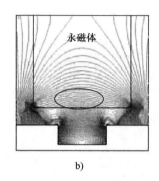 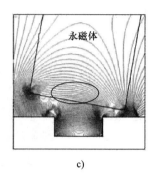

　　　　　a)　　　　　　　　　　　　b)　　　　　　　　　　　　c)

图 4-26　永磁扰动检测探头的提离距离及姿态影响磁云图

　　对于永磁扰动检测法，另一个重要的特点是它对表面伤更加灵敏，而对内伤的敏感性则不强。如图 4-27 所示的有限元数值模拟，缺陷埋藏深度由浅变深时，磁扰动从有到最终消失，可以发现当缺陷埋藏深度达到 4mm 以上时，永磁扰动量大大减小，几乎不易于捕捉。所以，永磁扰动检测法的内伤不敏感性检测特点可配合漏磁检测法用于区分钢管的内、外伤。

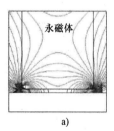 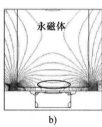 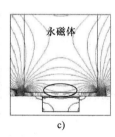 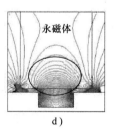

　　a)　　　　　　　　b)　　　　　　　　c)　　　　　　　　d)

图 4-27　永磁扰动方法的探测深度

　　永磁扰动检测法还有一个特点：永磁扰动检测法是直接依靠永磁体与待检测铁磁性材料之间的磁相互作用场工作的，两者之间所建立起来的磁相互作用越强，则磁扰动现象越易于发生，显得越强烈，如图 4-28a 所示（①~④的磁作用场逐渐加强）；这与漏磁检测法刚好相反，漏磁检测法的缺陷漏磁场随背景磁场强度的增大而减小，如图 4-28b 所示（⑤~⑧的背景磁场逐渐加强）。

4.2.5　典型应用

　　作为主动式检测模式的永磁扰动检测传感器，抖动时易产生噪声。相邻检测传感器的扫查抖动可能具有较好的一致性，所以对它们进行差动处理，能够消除探头的抖动噪声。但考

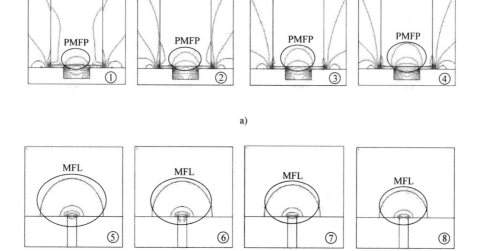

图 4-28　永磁扰动检测法和漏磁检测法的磁作用场强度影响关系对比

a）永磁扰动随磁作用场强度的增大而增大　b）漏磁场随背景磁场强度的增大而减小

虑到单方向相邻传感器差动有可能将同一缺陷在多个传感器的响应信号差动掉一部分，使得差动输出信号减弱，所以应该选择多方向差动处理，如图 4-29 所示。

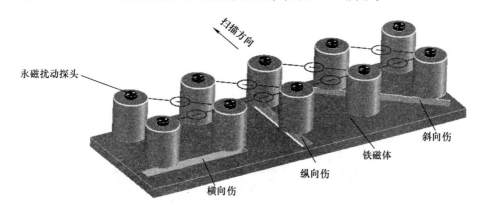

图 4-29　多方向差动阵列永磁扰动探头

采用多方向差动阵列永磁扰动传感器构成的探靴和传统的单体检测方式进行缺陷检测试验，获得如图 4-30 所示的检出信号。从图中可以看到，多方向差动阵列永磁扰动传感器构成的探靴检出信号的信噪比要比通常的单体方式好得多。

永磁扰动无损检测方法具有实施简单、操作容易、检测效果好等特点，作为现有常规电磁检测方法（如漏磁检测法及涡流检测法）的强有力补充，能够适应多种铁磁性材料外表面伤的快速高效检测，如钢带检测、连续油管检测、铁轨检测、螺纹检测、锅炉散热管检测及管端检测等，如图 4-31 所示。

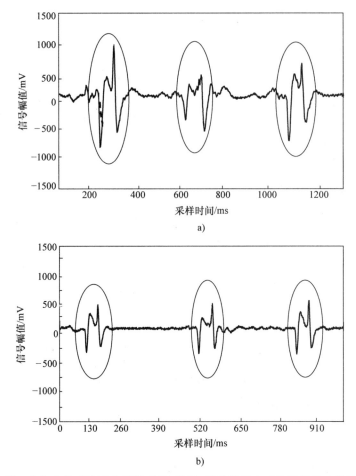

图 4-30　多方向差动阵列永磁扰动传感器与单体检测方式的缺陷检出信号对比

a）单体永磁扰动传感器的缺陷检出信号　b）多方向差动阵列永磁扰动传感器的缺陷检出信号

图 4-31　永磁扰动检测方法的应用

a）钢带检测　b）连续油管检测　c）铁轨检测　d）螺纹检测　e）锅炉散热管检测　f）管端检测

在辅助钢管漏磁检测进行内、外伤区分的具体实施中，由于永磁扰动检测探头不需要另外的磁激励，为了不让其受漏磁检测装置中的磁化器磁场影响，将永磁扰动检测探头布置于沿钢管轴向方向距离磁化器 200 ~ 250mm 的位置处，测试装置如图 4-32 所示。测试结果表明：用漏磁检测和永磁扰动检测相结合的复合检测方法来区分钢管内、外伤是可行的。

图 4-32　漏磁和永磁扰动复合检测钢管内、外伤装置

第 5 章　三维漏磁成像检测

5.1　三维漏磁检测缺陷轮廓反演

5.1.1　信号的基本特征

以油气管道漏磁内检测为例，图 5-1 所示为油气管道三维漏磁（magnetic flux leakage，MFL）检测示意图，包括管道漏磁内检测器测量部分的原理、结构以及对应的管道漏磁检测磁路结构。三维漏磁检测的磁路主要由钢刷、永磁体、背铁和管壁组成。在检测器内部，沿管道周向均匀布置有测量探头。其中，每个测量探头内部有多组霍尔传感器或线圈传感器，用于测量由管壁缺陷造成的漏磁场信号，包括轴向信号 B_a、径向信号 B_r 和周向信号 B_c。

在对实际的油气管道进行检测时，为了获得最优的检测效果，永磁体沿管道轴向将管壁磁化至饱和或近饱和的状态。同时，磁传感器布置于磁路的中心，使其与缺陷处于均匀的磁场中，从而不受钢刷附近不规则磁场的影响。

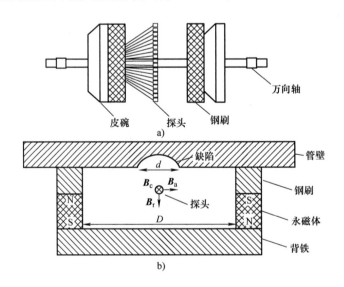

图 5-1　油气管道三维 MFL 检测示意图

a）管道漏磁内检测器测量部分的原理、结构　b）管道漏磁检测的磁路结构

依据国家标准 GB/T 27699—2011《钢质管道内检测技术规范》，为了对检测器进行校验，实际 MFL 检测试验管道上需加工出一系列标准缺陷，包括针孔、坑状金属损失、环向

凹槽与凹沟、轴向凹槽与凹沟等。按照几何形状划分，这些标准缺陷可划分为矩形缺陷、弧面缺陷与圆柱缺陷三种类型。基于此，本章选择矩形、弧面与圆柱三种规则形状的缺陷，用于仿真分析与理论研究。

基于油气管道三维 MFL 检测磁路结构的周向对称性，采用有限元分析软件 AN-SYS 建立如图 5-2 所示的管道周向 90° 有限元仿真模型，用于仿真任意缺陷产生的三维 MFL 检测信号。所建立的仿真模型使用的三维漏磁检测器的结构尺寸与磁性材料的特性参数见表 5-1。图 5-3 所示为三维有限元仿真模型中的背铁、钢刷与管壁三种材料的磁化特性曲线。

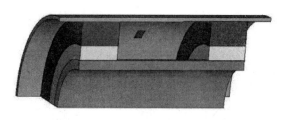

图 5-2　油气管道三维 MFL 检测管道周向 90° 有限元仿真模型

表 5-1　三维漏磁检测器的结构尺寸与磁性材料特性参数

符号	参数	数值	单位
OD	管道直径	457	mm
T	管道壁厚	14.3	mm
W_p	永磁体宽度	80	mm
H_p	永磁体高度	30	mm
W_s	钢刷宽度	80	mm
H_s	钢刷高度	50	mm
H_b	背铁高度	20	mm
D	磁极间距	1000	mm
μ_r	相对磁导率	1.26	—
H_{cb}	矫顽力	836	kA/m
L	提离值	3	mm

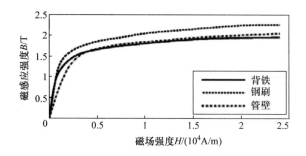

图 5-3　三维有限元仿真模型中部分材料的磁化特性曲线

图 5-4、图 5-5 与图 5-6 分别给出了一个长为 28.6mm、宽为 14.3mm、深为 7.2mm 的矩形缺陷，一个直径为 28.6mm、深为 7.2mm 的弧面缺陷及一个直径为 28.6mm、深为

7.2mm 的圆柱缺陷的仿真三维 MFL 检测信号分布图。由分布图可以得到缺陷三维 MFL 检测信号的一些基本特征：

1）轴向分量具有一个峰值区域、两个谷值区域及两个对称面，其轮廓主要反映了缺陷底部轮廓的拐点。

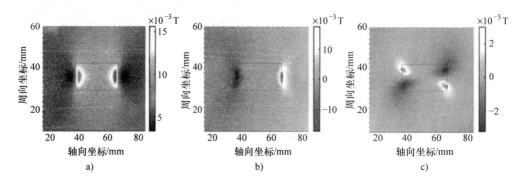

图 5-4　28.6mm×14.3mm×7.2mm 矩形缺陷的三维 MFL 检测信号

a）轴向分量　b）径向分量　c）周向分量

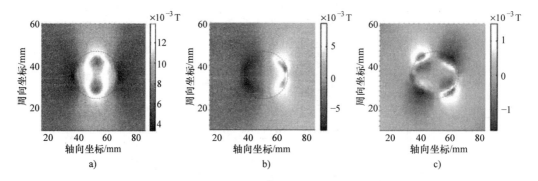

图 5-5　28.6mm×7.2mm 弧面缺陷的三维 MFL 检测信号

a）轴向分量　b）径向分量　c）周向分量

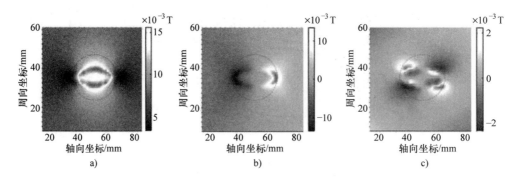

图 5-6　28.6mm×7.2mm 圆柱缺陷的三维 MFL 检测信号

a）轴向分量　b）径向分量　c）周向分量

2）径向分量具有一个峰值点和一个谷值点，同时具有一个对称面与一个反对称面，其轮廓主要反映了缺陷的开口形状。

3）周向分量具有两个峰值点、两个谷值点及两个反对称面，其轮廓主要反映了缺陷侧面边界的拐点。

在图 5-4、图 5-5 与图 5-6 中，使用虚线标识了真实的缺陷开口轮廓。对比缺陷开口轮廓与三维 MFL 检测信号图可知：

1）沿施加外部磁场的轴向方向，轴向分量的两个谷值点分别位于缺陷开口的左右边沿处，峰值区域位于缺陷开口的中心。

2）径向分量的峰、谷值点分别位于缺陷开口的左右边沿处。

3）周向分量的峰值点位于缺陷开口的左上与右下边沿处，谷值点位于缺陷开口的左下与右上边沿处。

5.1.2　信号随缺陷尺寸的变化规律

为了更详细地研究三维 MFL 检测信号随缺陷参数改变而变化的规律，基于图 5-4 所示的矩形缺陷三维 MFL 检测信号强度图，定义了表 5-2 所列的待研究三维 MFL 检测信号的特征参数。

表 5-2　矩形缺陷三维 MFL 检测信号的特征参数及其定义

参数	单位	定义
P1	Gs	轴向分量的峰谷差值
P2	Gs	径向分量的峰谷差值
P3	Gs	周向分量的峰谷差值
P4	mm	轴向分量两峰值点间的轴向间距
P5	mm	轴向分量两谷值点间的轴向间距
P6	mm	径向分量峰谷值点间的轴向间距
P7	mm	周向分量峰谷值点间的轴向间距
P8	mm	周向分量峰谷值点间的周向间距

基于三维有限元仿真，得到一系列矩形缺陷的三维 MFL 检测信号分布。其中，缺陷长度变化范围为 15 ~ 105mm，缺陷宽度变化范围为 17.5 ~ 39.5mm，缺陷深度变化范围为 1.8 ~ 10mm。统计所研究特征参数随矩形缺陷长、宽、深尺寸的变化规律，绘制结果如图 5-7、图 5-8 和图 5-9 所示。

由图 5-7、图 5-8 和图 5-9 可得到不同缺陷尺寸下三维 MFL 检测信号特征参数的基本变化规律：MFL 检测信号轴向、径向与周向分量的峰谷差值，均随缺陷长度、宽度、深度的增大而明显改变，整体呈现单调递增的关系；当缺陷长度增大时，周向分量峰谷值点间的周向间距不变，其余与轴向间距有关的特征参数均增大；当缺陷宽度增大时，周向分量峰谷值点间的周向间距增大，其余与轴向间距有关的特征参数均不变；当缺陷深度增大时，所有与轴向间距及周向间距有关的特征参数均无明显变化。

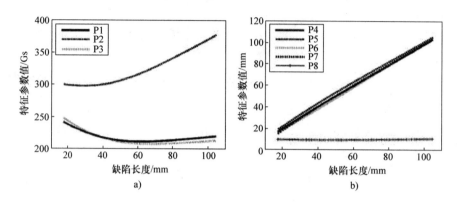

图 5-7　三维 MFL 检测信号特征参数随缺陷长度的变化规律

a）P1 ~ P3　b）P4 ~ P8

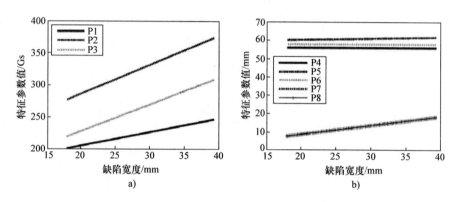

图 5-8　三维 MFL 检测信号特征参数随缺陷宽度的变化规律

a）P1 ~ P3　b）P4 ~ P8

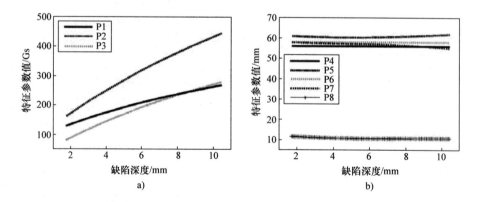

图 5-9　三维 MFL 检测信号特征参数随缺陷深度的变化规律

a）P1 ~ P3　b）P4 ~ P8

由以上变化规律可知，三维 MFL 检测信号的三个分量均受缺陷外形轮廓变化的影响，也均携带对应于缺陷轮廓的有用信息。因此，为了准确地重建缺陷轮廓从而获得缺陷外形的可视化结果，应该实施油气管道三维 MFL 检测，以获取充足的检测信息。

5.1.3　缺陷三维轮廓的随机搜索迭代反演方法

1. 待求解区域的分段识别

为了实现缺陷三维轮廓的反演，首先根据三维 MFL 检测信号图识别出待求解的目标区域（region of interest，ROI）。由于缺陷产生的全部 MFL 检测信号均含有缺陷轮廓的潜在信息，为了更准确地反演缺陷轮廓，原始的缺陷 MFL 检测信号应保留。同时，在包含完整的缺陷 MFL 检测信号的前提下，所识别出的待求解 ROI 应尽可能小，从而减少后续缺陷轮廓反演过程中需要处理的数据量。

三维 MFL 检测信号轴向分量的幅值是待求解区域的最基本判别条件。在管壁无缺陷的完好区域，轴向 MFL 检测信号的幅值较小，相应的检测图像比较平坦；而在管壁的缺陷区域，轴向 MFL 检测信号的幅值显著增大，相应的检测图像的变化比较明显。鉴于此，可将油气管道上有缺陷的区域及其邻近的区域定义为待求解的 ROI；对应的，将无缺陷的完好区域称为 NON-ROI。

基于轴向 MFL 检测信号的上述特性，为了划定出管壁的 ROI 和 NON-ROI，可采用如下的分段识别方法对管道轴向 MFL 检测信号图进行检测：

1）将获得的管道轴向 MFL 检测数据按周向进行划分，对每一路传感器所测数据进行单独检测。

2）对于每一路待检测的轴向 MFL 检测数据，将其沿轴向分割成长度为 L 的多个数据段，查找每个数据段内的最大值 $\max\{X\}$ 和最小值 $\min\{X\}$。

3）定义用于判断的阈值 TH_1 和 TH_2，若 $\max\{X\} - \min\{X\} > TH_2$ 成立，或者 $\max\{X\} > TH_1$ 成立，则判定该段数据为管道 ROI 内的检测数据，否则即为 NON-ROI 的检测数据。

该分段识别方法的关键在于定义合适的数据段长度 L、阈值 TH_1 和 TH_2，而这些参数需要根据管壁磁化强度、检测器采样间隔等条件进行合理的选择。

图 5-10 所示为一段口径为 457mm、壁厚为 14.3mm 管道的轴向 MFL 检测数据，其中检测信号最大值为 4095，对应实际漏磁场 500Gs。基于该段数据，进行管壁 ROI 的识别试验。分析所示的轴向 MFL 检测数据可知：在该段管道的无缺陷处，检测信号所对应的磁感应强度幅值约为 125Gs；而在管壁缺陷处，检测信号对应的磁感应强度幅值达 200Gs 以上。考虑到 MFL 检测信号中噪声信号的幅值一般小于 2Gs，将用于判断的阈值 TH_1 和 TH_2 分别设定为 200Gs 和 20Gs。

令数据分段长度 L 分别取 5、10、20 和 40，得到如图 5-11 ~ 图 5-14 所示的基于轴向 MFL 检测数据的 ROI 识别结果。由识别结果可知，在不考虑 ROI 大小是否合适的情况下，管壁上所加工的人工缺陷均被检出。经统计，在所设定的判断阈值下，无论数据分段长度 L 取 5、10、20 或 40，管壁上实际缺陷的检出率均达 98% 以上。实际缺陷的高检出率，表明

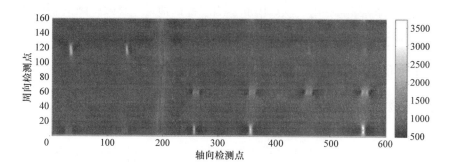

图 5-10 口径为 457mm、壁厚为 14.3mm 管道的轴向 MFL 检测数据示例

所设定的判断阈值完全满足缺陷检测的要求。

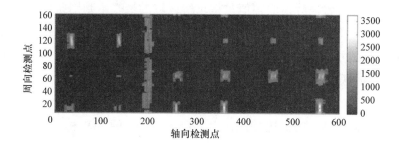

图 5-11 基于轴向 MFL 检测数据的 ROI 识别结果 ($L = 5$)

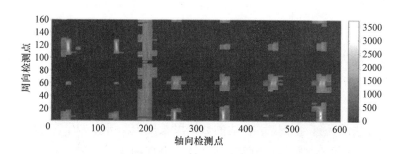

图 5-12 基于轴向 MFL 检测数据的 ROI 识别结果 ($L = 10$)

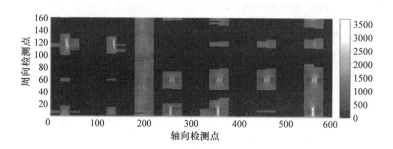

图 5-13 基于轴向 MFL 检测数据的 ROI 识别结果 ($L = 20$)

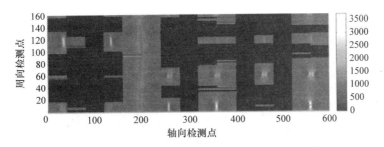

图 5-14　基于轴向 MFL 检测数据的 ROI 识别结果（$L=40$）

ROI 的大小是否合适，会受到数据分段长度 L 取值的直接影响。当 $L=5$ 时，与真实缺陷 MFL 检测信号范围相比，识别出的 ROI 存在明显的缺失；当 $L=10$ 时，ROI 识别结果有所改善，但仍为存在部分缺失的不规则区域；当 $L=40$ 时，ROI 识别结果完整地包含了缺陷及其附近区域，但同时也包含了大量的无关区域，导致缺陷轮廓反演待求解区域过大；当 $L=20$时，ROI 识别结果为完整的规则区域，既完整地包含了缺陷及其附近区域，也不存在过量的无关区域，识别效果最好。

选定一个 28.6mm×14.3mm×7.2mm 矩形缺陷和一个 28.6mm×7.2mm 弧面缺陷进行详细分析，图 5-15 和图 5-16 分别给出了两个缺陷在不同数据分段长度时的 ROI 识别结果。当数据分段长度取 5 或 10 时，识别出的 ROI 与真实缺陷轮廓相比偏小，存在明显的检测区域缺失；当数据分段长度取 40 时，ROI 识别结果包含了过多的无关区域，会增加缺陷三维轮廓反演运算的数据量；当数据分段长度取 20 时，识别出的 ROI 包含了完整的缺陷轮廓，并且冗余度小，因此 20 为比较合适的数据分段长度取值。

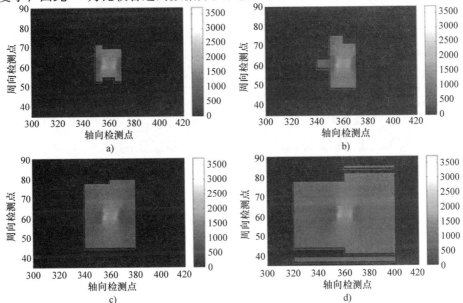

图 5-15　28.6mm×14.3mm×7.2mm 矩形缺陷在不同数据分段长度时的 ROI 识别结果

a) $L=5$　b) $L=10$　c) $L=20$　d) $L=40$

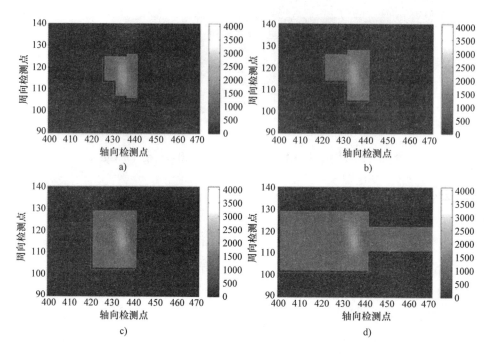

图 5-16　28.6mm×7.2mm 弧面缺陷在不同数据分段长度时的 ROI 识别结果

a）$L=5$　b）$L=10$　c）$L=20$　d）$L=40$

由于识别出的 ROI 不一定为规则的矩形区域，为了后续数据处理的方便，对识别结果进行规则化处理。对图 5-15c 与图 5-16c 所示的 ROI 识别结果，分别沿轴向与周向取该区域的最外边界，得到的最终矩形待求解区域识别结果如图 5-17 所示。

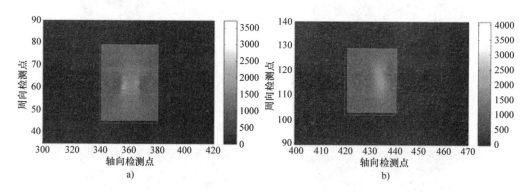

图 5-17　最终求得的矩形待求解区域

a）28.6mm×14.3mm×7.2mm 矩形缺陷　b）28.6mm×7.2mm 弧面缺陷

2. 缺陷开口轮廓检测方法

在缺陷三维轮廓的迭代反演过程中，为了降低缺陷模型的复杂度、减小缺陷轮廓迭代反演的搜索空间，首先利用三维 MFL 检测信号对缺陷开口轮廓进行检测，从而确定待求解的平面区域。

由三维 MFL 检测信号的特点可知，检测信号的幅值在缺陷边沿处的变化最为明显。因此，可通过计算 MFL 检测信号图中各点对应的梯度值来估算缺陷的开口轮廓。针对三维MFL 检测，可分别基于各分量信号进行缺陷开口轮廓的检测，再对三维分量的检测结果进行加权合成。

以图 5-18 所示的 28.6mm × 7.2mm 弧面缺陷的三维 MFL 检测信号图为例，利用离散 Sobel 算子，分别计算轴向、径向和周向分量信号图中各点的梯度值。对于任一分量信号图 A，将横向与轴向的 Sobel 卷积算子分别与图像 A 进行平面卷积，可得到图像横向与轴向方向的近似梯度值 $G(x)$ 与 $G(y)$，即

$$G(x) = \begin{pmatrix} -1 & 0 & 1 \\ -2 & 0 & 2 \\ -1 & 0 & 1 \end{pmatrix} * A, \ G(y) = \begin{pmatrix} 1 & 2 & 1 \\ 0 & 0 & 0 \\ -1 & -2 & -1 \end{pmatrix} * A \tag{5-1}$$

式中，MFL 检测信号图 A 中各点磁感应强度的单位均为 T。

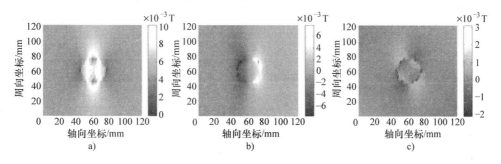

图 5-18　28.6mm × 7.2mm 弧面缺陷的三维 MFL 检测信号图

a）轴向分量　b）径向分量　c）周向分量

进而分别计算图像 A 中各点的梯度值 G 及其方向角 θ，即

$$G = \sqrt{G^2(x) + G^2(y)} \tag{5-2}$$

$$\theta = \arctan[G(y)/G(x)] \tag{5-3}$$

计算得到三维 MFL 检测各分量信号的梯度值分布如图 5-19 所示。

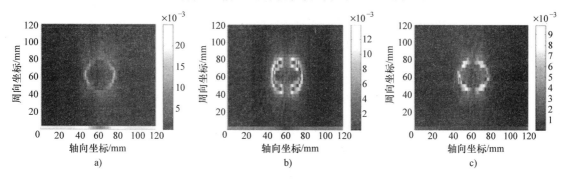

图 5-19　28.6mm × 7.2mm 弧面缺陷三维 MFL 检测各分量信号的梯度值分布

a）轴向分量　b）径向分量　c）周向分量

为检测缺陷开口轮廓，设定阈值 $G(\delta)$，所有梯度值大于 $G(\delta)$ 的点均被识别为缺陷开口边沿点，其余点则被识别为非边沿点。由梯度值分布可知：当阈值过大时，会出现缺陷边沿缺失；当阈值过小时，会出现不必要的干扰；只有当阈值取值合适，才会获得清晰而准确的缺陷开口边沿点识别结果。针对图 5-19 所示的三维 MFL 检测信号梯度值分布图，分别调整轴向、径向和周向分量的检测阈值至 0.004、0.006 和 0.004，得到如图 5-20 所示的缺陷开口边沿点的直接识别结果。

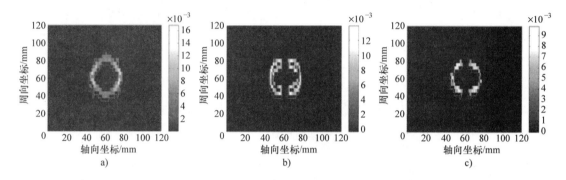

图 5-20　28.6mm×7.2mm 弧面缺陷开口边沿点的直接识别结果

a）轴向分量　b）径向分量　c）周向分量

为了剔除缺陷开口边沿点的直接识别结果中所包含的内部无关点，提取直接识别结果中的最外边沿点，得到如图 5-21 所示的修正后识别结果。

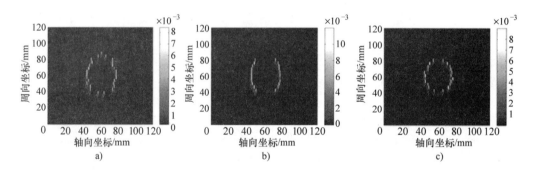

图 5-21　28.6mm×7.2mm 弧面缺陷开口边沿点的修正后识别结果

a）轴向分量　b）径向分量　c）周向分量

在修正后识别结果中的所有边沿点处，做出通过该点且与该点梯度方向相垂直的直线。所有直线围成的封闭区域即为缺陷开口轮廓的识别结果，如图 5-22 所示。图中，亮灰色区域为开口轮廓识别结果，其中的黑色圆圈为实际的缺陷开口外形。对比可知，由三维 MFL 检测信号分量识别出的缺陷开口轮廓均包含了完整的缺陷开口外形，周向分量的识别结果最接近真实轮廓，轴向分量识别结果超出的区域最大。

取基于三维 MFL 检测信号的缺陷开口轮廓识别结果的公共部分，并对边沿进行适当的平滑处理，得到缺陷开口轮廓的最终检测结果如图 5-23 所示。对比可知，检测结果略大于

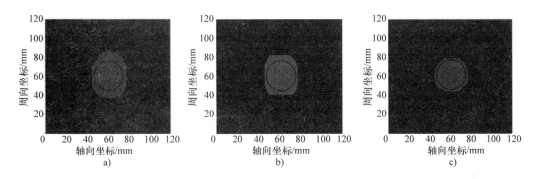

图 5-22　28.6mm×7.2mm 弧面缺陷的开口轮廓识别结果

a）轴向分量　b）径向分量　c）周向分量

真实的缺陷开口，较好地反映了缺陷开口轮廓的实际情况。

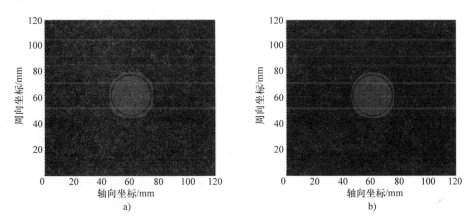

图 5-23　28.6mm×7.2mm 弧面缺陷的开口轮廓最终检测结果

a）平滑前　b）平滑后

为进一步验证所提出的检测方法的准确性，对不规则缺陷进行有限元仿真，缺陷形状如图 5-24a 所示，进而基于三维 MFL 检测信号进行开口轮廓检测，得到如图 5-24b 所示的识

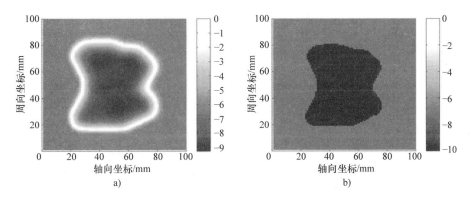

图 5-24　不规则缺陷的开口轮廓识别结果

a）真实缺陷　b）开口轮廓检测结果

别结果。对比可知，该不规则缺陷的开口轮廓检测结果与实际的缺陷开口轮廓差别不大，基于三维 MFL 检测信号梯度检测的缺陷开口轮廓与实际缺陷开口基本符合。

3. 缺陷三维轮廓网状模型

为了减小缺陷轮廓迭代反演算法的搜索空间，提出一种由任意缺陷开口轮廓建立缺陷三维轮廓网状模型的方法，其流程示意图如图 5-25 所示。

所提出的缺陷三维轮廓网状模型建立方法的具体步骤如下：

1）为了避免缺陷开口轮廓检测误差的影响，将开口轮廓 S 扩大至 1.05 倍，得到新的轮廓区域 S'。

2）确定缺陷轮廓网状模型在水平面内的划分尺寸，以区域 S' 的中心为基点将 S' 所在平面划分为 $N_1 \times N_2$ 个栅格。

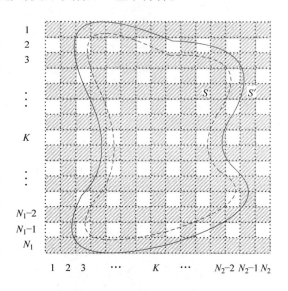

图 5-25　缺陷三维轮廓网状模型的建立流程示意图

3）选定所有与 S' 有交叠的栅格，组合得到新的缺陷三维轮廓反演待求解区域。

4）确定缺陷轮廓网状模型在深度方向的划分尺寸，为待求解区域内的所有栅格加入深度参数 d，建立最终的缺陷三维轮廓网状模型 M_n。

图 5-26 所示为加入深度参数后建立的最终缺陷三维轮廓网状模型的示例，其中未知参数为各个栅格区域的深度 d。令 $d_{i,j}$ 表示第 i 行、第 j 列的栅格深度值，则基于网状模型的任意缺陷均可用以下形式的矩阵进行表示，即

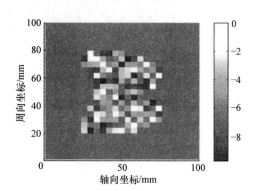

图 5-26　缺陷三维轮廓网状模型示例

$$M_n = \begin{pmatrix} d_{1,1} & d_{1,2} & \cdots & d_{1,j} & \cdots & d_{1,N_2-1} & d_{1,N_2} \\ & & & \cdots & & & \\ d_{i,1} & d_{i,2} & \cdots & d_{i,j} & \cdots & d_{i,N_2-1} & d_{i,N_2} \\ & & & \cdots & & & \\ d_{N_1,1} & d_{N_1,2} & \cdots & d_{N_1,j} & \cdots & d_{N_1,N_2-1} & d_{N_1,N_2} \end{pmatrix} \tag{5-4}$$

在基于网状模型的缺陷表达式中，缺陷开口轮廓外部所有栅格的深度均为 0。在缺陷三维轮廓迭代反演过程中，仅对缺陷开口轮廓内部的深度值进行修正。

此外，在获得基于网状模型的反演结果后，将进行适当的平滑处理，以得到与实际缺陷更加符合的平滑边沿。

4. 随机搜索求解策略

迭代反演方法的基本思路是：将缺陷轮廓反演的漏磁场逆向计算问题，转换为求解预测 MFL 检测信号与真实 MFL 检测信号间误差最小值的最优化问题。其基本流程如图 5-27 所示，缺陷轮廓的迭代反演由任意的初始缺陷轮廓开始，通过正向计算模型得到预测的 MFL 检测信号。其中，为了获得较准确的 MFL 检测信号计算结果，正向计算模型通常采用有限元计算等数值解法。得到预测 MFL 检测信号后，若其与目标信号的误差尚未达到预期，对缺陷轮廓进行更新后继续迭代；若误差已达到预期值，则迭代过程终止，当前的缺陷轮廓即为反演得到的结果。

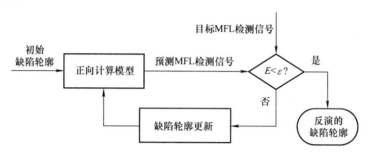

图 5-27　缺陷轮廓迭代反演方法的基本流程

最优化问题的求解策略有确定性搜索方法和随机性搜索方法两种，均可用于迭代反演方法中的缺陷轮廓更新。

确定性搜索方法利用当前搜索位置邻域的信息确定搜索方向与步长，包括最速下降法、共轭梯度法、拟牛顿法等。确定性方法的搜索速度快，但在本质上仍是一种局部寻优方法。在缺少合适的初始猜测缺陷轮廓时，确定性方法易陷入缺陷轮廓迭代反演的局部最优解，从而不能找到真实的缺陷轮廓。此外，缺陷轮廓反演为病态的逆问题，确定性方法在迭代过程中通常需要进行附加的正则化处理，否则会产生较大的计算误差，甚至导致迭代无法正常进行。

随机性搜索方法包括禁忌搜索算法、模拟退火算法和基因算法等。该类方法在迭代解的生成过程中引入随机变量或伪随机变量，使得搜索方向与步长具有一定的随机性，从而可以避免迭代过程陷入局部最优解。与确定性方法相比，随机性方法的不足之处在于搜索速度偏慢，从而会导致缺陷轮廓迭代反演的总时间相对较长。

综合考虑以上两类方法的优缺点，为了获得更精确的缺陷轮廓反演结果，选择随机性搜索方法作为缺陷轮廓迭代反演方法的优化策略。图 5-28 所示为基于随机性搜索方法的漏磁检测缺陷三维轮廓迭代反演方法的基本流程，其中实测与预测的 MFL 检测信号均采用三维 MFL 检测信号，缺陷轮廓在每次迭代过程中均基于随机性搜索策略进行更新。

此外，针对漏磁检测缺陷三维轮廓反演的具体应用，考虑到随机性搜索方法存在搜索速度偏慢的问题，下面将在优化目标函数、简化正向计算模型等方面进行研究，进而加快缺陷轮廓反演的速度。

5. 相似度目标函数

在迭代反演算法中，目标函数的常用定义是预测 MFL 检测信号与实测 MFL 检测信号间

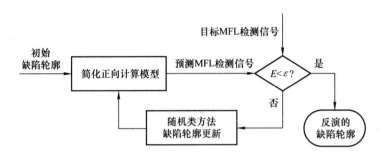

图 5-28 漏磁检测缺陷三维轮廓随机搜索迭代反演方法的基本流程

的绝对误差，而该误差可通过求解两种 MFL 检测信号间的均方根误差来实现，即

$$E = \Big\{ \sum_{j=1}^{n} \sum_{i=1}^{m} \big[(sa_{ij}^{p} - sa_{ij}^{d})^2 + (sr_{ij}^{p} - sr_{ij}^{d})^2 + (sc_{ij}^{p} - sc_{ij}^{d})^2 \big] / (3mn) \Big\}^{\frac{1}{2}} \qquad (5\text{-}5)$$

式中，sa_{ij}^{p}、sr_{ij}^{p}、sc_{ij}^{p} 为正向模型预测的轴向、径向与周向 MFL 检测信号，单位均为 T；sa_{ij}^{d}、sr_{ij}^{d}、sc_{ij}^{d} 为目标轴向、径向与周向 MFL 检测信号，单位均为 T；i 和 j 分别为沿管道轴向与周向的采样数据点个数。

以绝对误差定义的目标函数，要求漏磁检测有限元正向计算具有绝对精确的结果。这种定义虽然直观准确，却并非最适合于 MFL 检测缺陷三维轮廓迭代反演方法的目标函数。事实上，在缺陷轮廓迭代反演流程的判别条件中，最优解的目标函数取值应是所有可能解目标函数取值中的最小值，却不必一定为零。在迭代过程的判别条件中，对于任意两个可行解，只要相对更接近真实缺陷的可行解具有更小的目标函数值，任何形式的目标函数定义均不会对迭代过程的判别结果造成影响。如此，若能找到符合此要求的其他目标函数定义，就不一定要求漏磁检测有限元正向计算具有绝对精确的结果，因而可以适当降低有限元计算的剖分精度而不影响迭代过程的判别结果，从而减少有限元正向计算的内存与时间消耗。

皮尔逊相关系数是度量两个变量之间相关程度的一种有效方法，可以用于测量预测 MFL 检测信号与实测 MFL 检测信号间的相似程度，因而可以基于此来定义缺陷轮廓迭代反演算法的目标函数。对于任意两个数据样本 x 和 y，可求出其对应的皮尔逊相关系数，即

$$P(x, y) = \frac{\sum x_i y_i - n \bar{x}\, \bar{y}}{(n-1) S_x S_y} = \frac{n \sum x_i y_i - \sum x_i \sum y_i}{\sqrt{n \sum x_i^2 - (\sum x_i)^2}\, \sqrt{n \sum y_i^2 - (\sum y_i)^2}} \qquad (5\text{-}6)$$

式中，S_x 和 S_y 分别为 x 和 y 各自的样本标准偏差。

在缺陷轮廓的迭代反演过程中，为了比较预测 MFL 检测信号与目标 MFL 检测信号间的相似度，将一维 MFL 检测信号间的相似度目标函数定义为

$$E_O = \sum_{i=1}^{N} P(x_p^i, x_d^i) = \sum_{i=1}^{N} \left[\frac{\sum_{j=1}^{K} x_p^{ij} x_d^{ij} - n \, \overline{x_i} \, \overline{x_d^i}}{(K-1) S_{x_p^i} S_{x_d^i}} \right]$$

$$= \sum_{i=1}^{N} \left[\frac{K \sum_{j=1}^{K} x_p^{ij} x_d^{ij} - \sum_{j=1}^{K} x_p^{ij} \sum_{j=1}^{K} x_d^{ij}}{K \sum_{j=1}^{K} x_p^{ij2} - \left(\sum_{j=1}^{K} x_p^{ij} \right)^2 \sqrt{K \sum_{j=1}^{K} x_d^{ij2} - \left(\sum_{j=1}^{K} x_d^{ij} \right)^2}} \right] \tag{5-7}$$

式中，x_p^i 为预测 MFL 检测信号沿管道轴向的检测数据序列，单位为 T；x_d^i 为实测 MFL 检测信号沿管道轴向的检测数据序列，单位为 T；N 为沿管道周向的漏磁传感器通道数；K 为沿管道轴向的总采样点数。

相应的，将三维 MFL 检测信号间的相似度目标函数定义为

$$E_T = E_{OA} + E_{OR} + E_{OC}$$

$$= \sum_{i=1}^{N} \left[P(a_p^i, a_d^i) + P(r_p^i, r_d^i) + P(c_p^i, c_d^i) \right]$$

$$= \sum_{i=1}^{N} \left[\frac{\sum_{j=1}^{K} a_p^{ij} a_d^{ij} - n \overline{a_p^i} \, \overline{a_d^i}}{(K-1) S_{a_p^i} S_{a_d^i}} + \frac{\sum_{j=1}^{K} r_p^{ij} r_d^{ij} - n \overline{r_p^i} \, \overline{r_d^i}}{(K-1) S_{r_p^i} S_{r_d^i}} + \frac{\sum_{j=1}^{K} c_p^{ij} c_d^{ij} - n \overline{c_p^i} \, \overline{c_d^i}}{(K-1) S_{c_p^i} S_{c_d^i}} \right] \tag{5-8}$$

式中，E_{OA}、E_{OR} 和 E_{OC} 分别为轴向、径向与周向 MFL 检测信号的相似度目标函数。

为了将缺陷三维轮廓的反演问题转换为求解目标函数最小值的最优化问题，并将目标函数最小值设定为 0，最终定义如下形式的三维 MFL 检测信号相似度目标函数，即

$$E_P = 1 - \frac{1}{3} (E_{OA} + E_{OR} + E_{OC})$$

$$= 1 - \frac{1}{3} \sum_{i=1}^{N} \left[P(a_p^i, a_d^i) + P(r_p^i, r_d^i) + P(c_p^i, c_d^i) \right]$$

$$= 1 - \frac{1}{3} \sum_{i=1}^{N} \left[\frac{\sum_{j=1}^{K} a_p^{ij} a_d^{ij} - n \overline{a_p^i} \, \overline{a_d^i}}{(K-1) S_{a_p^i} S_{a_d^i}} + \frac{\sum_{j=1}^{K} r_p^{ij} r_d^{ij} - n \overline{r_p^i} \, \overline{r_d^i}}{(K-1) S_{r_p^i} S_{r_d^i}} + \frac{\sum_{j=1}^{K} c_p^{ij} c_d^{ij} - n \overline{c_p^i} \, \overline{c_d^i}}{(K-1) S_{c_p^i} S_{c_d^i}} \right] \tag{5-9}$$

式中，a_p^i、r_p^i 和 c_p^i 分别为预测的轴向、径向与周向 MFL 检测信号沿管道轴向的检测数据序列，单位均为 T；a_d^i、r_d^i 和 c_d^i 为实测的轴向、径向与周向 MFL 检测信号沿管道轴向的检测数据序列，单位均为 T；$S_{a_p^i}$、$S_{r_p^i}$ 和 $S_{c_p^i}$ 为预测数据序列的标准偏差；$S_{a_d^i}$、$S_{r_d^i}$ 和 $S_{c_d^i}$ 为实测数据序列的标准偏差；N 为沿管道周向的漏磁传感器通道数；K 为沿管道轴向的采样点个数。

为了验证相似度目标函数的可行性，进行如下试验。以 30mm×3mm×7.2mm 的矩形缺陷为目标缺陷，将其三维 MFL 检测信号定义为目标 MFL 检测信号。改变缺陷的长度与宽度，通过有限元仿真计算得到相应的三维 MFL 检测信号，并计算相应的缺陷 MFL 检测信号与目标 MFL 检测信号间的相似度目标函数值。最终，统计相似度目标函数值随缺陷长度与宽度尺寸的变化情况，如图 5-29 所示。

由统计结果可知：当缺陷尺寸与目标缺陷的尺寸相同时，相似度目标函数的取值为 0；随着缺陷尺寸与目标缺陷尺寸之间偏差的增大，相似度目标函数的取值单调递增。在缺陷轮廓迭代反演方法中，若以本书所提出的相似度目标函数作为迭代判别的目标函数，则可正确

地判断缺陷尺寸与目标缺陷尺寸之间的偏差。由此可见，本书所提出的相似度目标函数满足漏磁检测缺陷轮廓迭代反演方法的要求，是一种实际可行的用于迭代过程判别的目标函数。

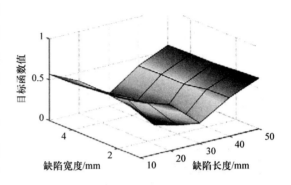

图 5-29　相似度目标函数值随缺陷
外形尺寸的变化情况

　　为了验证所提出的相似度目标函数对于适当降低有限元计算剖分精度而不影响迭代过程判别结果的有效性，在不同的有限元计算剖分精度下，重复进行上述试验。其中，目标缺陷与目标 MFL 检测信号仍为 30mm×3mm×7.2mm 的矩形缺陷及其三维 MFL 检测信号，统计的目标函数包括均方根误差目标函数和相似度目标函数两种。此外，有限元计算采用的剖分尺寸有三种，第一种剖分尺寸为初始剖分尺寸，第二种剖分尺寸增大至初始尺寸的 5 倍，第三种剖分尺寸增大至初始尺寸的 10 倍。

　　在三种剖分尺寸下，分别统计均方根误差目标函数和相似度目标函数随缺陷外形尺寸的变化情况，得到如图 5-30 和图 5-31 所示的结果。

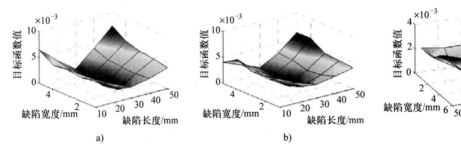
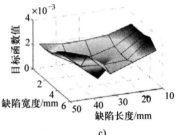

图 5-30　有限元计算剖分精度改变时，均方根误差目标函数值随缺陷外形尺寸的变化情况

a）初始剖分尺寸　b）剖分尺寸增大至 5 倍　c）剖分尺寸增大至 10 倍

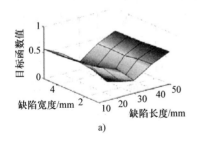
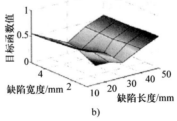
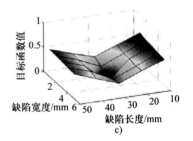

图 5-31　有限元计算剖分精度改变时，相似度目标函数值随缺陷外形尺寸的变化情况

a）初始剖分尺寸　b）剖分尺寸增大至 5 倍　c）剖分尺寸增大至 10 倍

由统计结果可知：在初始有限元计算剖分尺寸下，随着缺陷尺寸与目标缺陷尺寸间偏差的增大，均方根误差目标函数和相似度目标函数的取值均单调增大，两者均可作为缺陷轮廓迭代反演过程中的目标函数；当有限元计算剖分尺寸增大至初始剖分尺寸的 5 倍时，相似度目标函数值仍随缺陷尺寸与目标缺陷尺寸间偏差的增大而单调增大，但均方根误差目标函数值在局部出现了随缺陷尺寸偏差增大而减小的现象，后者由于影响迭代过程的判别结果已不能满足缺陷轮廓迭代反演的功能要求；当有限元计算剖分尺寸增大至初始剖分尺寸的 10 倍时，由于三维 MFL 检测信号的计算误差过大，两种目标函数值均出现了随缺陷尺寸偏差增大而减小的现象，已不能正常使用。

由此可见，若采用本书提出的相似度目标函数，在不影响缺陷轮廓迭代过程判别结果的前提下，可以适当增大有限元计算的剖分尺寸，从而减小有限元正向计算所消耗的时间。因此，相对于均方根误差等常用的绝对误差目标函数，相似度目标函数的判别效果更好，其更适用于缺陷三维轮廓的迭代反演。

基于上述结论，将相似度目标函数应用于缺陷轮廓的迭代反演过程，可以适当降低有限元正向计算的剖分精度，而不影响迭代过程中目标函数值的判断结果。

6. 简化正向计算模型

当检测器在管道内前进的速度不超过一定数值时，可忽略速度效应，从而将油气管道的漏磁场计算作为静态磁场问题进行求解。基于油气管道三维漏磁检测器的磁路结构，可建立图 5-32 所示的基本正向计算模型。在此模型中，磁路的主要组成结构包括钢刷、永磁体、背铁、管壁与空气。其中，永磁体与空气的磁特性参数为固定值，钢刷、背铁与管壁为非线性磁性材料。

在采用有限元等数值计算方法时，计算工作量与待求解空间的大小成正比，且求解非线性磁路的复杂性远远高于求解线性磁路。在缺陷轮廓迭代反演方法中，需要迭代求解上述基本正向模型以预测 MFL 检测信号。由于该基本正向模型中具有较大的待求解空间以及较多的非线性材料，该求解过程的计算工作量极大，严重限制了迭代反演方法的实用性。因此，有必要从油气管道漏磁检测的原理与需求出发，对基本正向计算模型进行研究，进而在保持一定计算准确度的前提下对该模型进行优化。

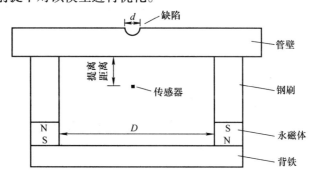

图 5-32　油气管道三维漏磁检测的基本正向计算模型

在对实际油气管道进行漏磁检测时，为了获得最优的检测效果，缺陷附近的管壁应处于均匀的近饱和磁场中。因此，检测器的永磁体通常沿管道轴向将管壁磁化至近饱和状态。同时，为了避免磁传感器受到钢刷附近不规则漏磁场的影响，磁传感器被布置于磁路的中心，且两个钢刷之间的距离 D 与缺陷轴向跨距 d 之间通常应满足下述关系

$$D \geqslant 10d \tag{5-10}$$

基于上述的油气管道漏磁检测实际需求与设计理念，提出了如图 5-33 所示的油气管道三维漏磁检测的简化正向计算模型。该简化模型略去了基本模型中的背铁、钢刷两种非线性磁材料，同时将永磁体嵌入管壁进行计算，可保证缺陷附近的管壁处于均匀的磁场中。为了保证管壁的近饱和磁化效果，可以通过修改永磁体矫顽力参数值，将管壁中的磁场强度调节至合适的量值。

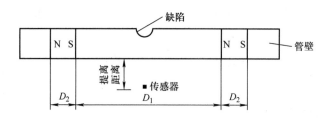

图 5-33 油气管道三维漏磁检测的简化正向计算模型

为了验证简化正向计算模型的有效性，基于双 CPU 的 Intel Xeon E7 – 4820 2GHz 服务器，进行了如下的验证试验。基于基本模型与简化模型，分别计算一些典型缺陷的三维 MFL 检测信号，进而统计两种模型各自消耗的时间。同时，定义如下的公式，用于计算两种模型求解 MFL 检测信号之间的相对误差，即

$$E = \left\{ \frac{\sum\limits_{j=1}^{n} \sum\limits_{i=1}^{m} \left[(sa_{ij}^{r} - sa_{ij}^{b})^2 + (sr_{ij}^{r} - sr_{ij}^{b})^2 + (sc_{ij}^{r} - sc_{ij}^{b})^2 \right]}{\sum\limits_{j=1}^{n} \sum\limits_{i=1}^{m} \left[(sa_{ij}^{b})^2 + (sr_{ij}^{b})^2 + (sc_{ij}^{b})^2 \right]} \right\}^{\frac{1}{2}} \tag{5-11}$$

式中，sa_{ij}^{b}、sr_{ij}^{b}、sc_{ij}^{b} 分别为由基本模型计算得到的轴向、径向与周向 MFL 检测信号，单位均为 T；sa_{ij}^{r}、sr_{ij}^{r}、sc_{ij}^{r} 分别为基于简化模型计算得到的轴向、径向与周向 MFL 检测信号，单位均为 T。

图 5-34 分别给出了基于基本计算模型与简化计算模型计算得到的 100mm × 14.3mm × 4.3mm 矩形缺陷的三维 MFL 检测信号。通过直观对比可知，基于两种模型的计算结果在特征点的位置与幅值上没有明显的差别，简化模型的计算结果与基本模型的计算结果基本吻合，基于两种模型得到的 MFL 检测信号间的相对误差仅为 4.25%。这表明，简化模型能以较高的准确度替代原始的 MFL 检测基本模型。

针对部分典型缺陷，统计基于两种模型的计算时间，并计算两种 MFL 检测信号间的相对误差，结果见表 5-3。由统计结果可知，简化模型的计算时间小于基本模型耗时的 1/10，

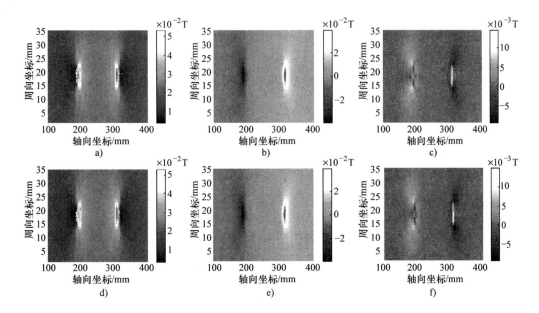

图 5-34 基于两种模型计算得到的 100mm × 14.3mm × 4.3mm 矩形缺陷的三维 MFL 检测信号

a) ~ c) 基于基本计算模型的轴向、径向与周向 MFL 检测信号

d) ~ f) 基于简化计算模型的轴向、径向与周向 MFL 检测信号

而基于两种模型计算的 MFL 检测信号间的相对误差不超过 5%。因此，在保持较高准确度的同时，简化模型可以有效缩短正向 MFL 检测信号的计算时间，从而可加快漏磁检测缺陷三维轮廓的迭代反演速度。

表 5-3 基于两种模型的计算时间与 MFL 检测信号误差

缺陷	计算时间/min		MFL 检测信号误差（%）
	基本模型	简化模型	
矩形 100mm × 14.3mm × 4.3mm	152.8	11.2	4.25
矩形 42.9mm × 42.9mm × 5.7mm	189.2	14.1	4.14
弧面 100mm × 7.2mm	186.4	13.7	4.18
弧面 42.9mm × 7.2mm	51.4	3.2	4.47
圆柱 100mm × 7.2mm	215.3	16.0	4.06
圆柱 42.9mm × 7.2mm	59.7	3.7	4.38

7. 模拟退火禁忌搜索迭代反演算法

禁忌搜索算法是一种有效而常用的随机搜索方法，其基本策略是从当前解的邻域中随机产生一系列新的可行解，并选择其中的最优解或者第一个改进解作为新解。由于邻域中的可行解随机选取产生，禁忌搜索算法具有跳出局部极值点的能力。然而该算法的结构导致其在迭代过程中有可能陷入死循环，因此需要设置禁忌表，用于记录并排除一定时间内曾搜索过的解。

模拟退火算法是另外一种较为常见的随机搜索方法。该算法以一定的随机概率接受使目标函数值变差的可行解，具有跳出局部极值点的能力。通过逐步调节控制参数 T，该算法能以较少的计算代价搜索到全区间的最优解。最优化领域的理论研究已经证明：对于 MFL 检测缺陷轮廓反演这类具有连续、有界目标函数的最优化问题，该算法必能搜索到全局最优解。

以上两种算法各有优点：禁忌搜索算法具有更平稳的搜索速度，但其跳出局部极值点的速度较慢；模拟退火算法在初始阶段的跳动性更大，但其可以更快地跳出局部极值点，并且能保证收敛于全局最优解。

为了综合利用两种搜索算法的优点，将模拟退火策略引入禁忌搜索算法，进而提出了如图 5-35 所示的模拟退火禁忌搜索迭代反演算法，并以此为基础进行漏磁检测缺陷三维轮廓的迭代反演。

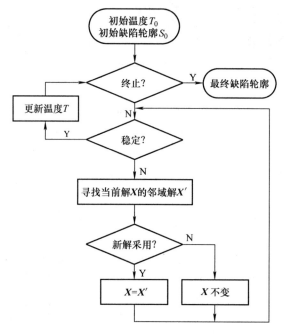

图 5-35　缺陷三维轮廓的模拟退火禁忌搜索迭代反演算法流程

在漏磁检测缺陷三维轮廓随机搜索迭代反演方法中，使用禁忌搜索算法对缺陷轮廓进行更新，并引入模拟退火策略。采用相似度目标函数作为缺陷三维轮廓迭代反演过程的目标函数，并以缺陷三维轮廓网状模型为基础，对解的可行域和邻域进行定义。

在缺陷三维轮廓网状模型中，分别沿轴向、周向和径向将管壁划分为 N_1、N_2 和 N_3 等份，并令 $x_{i,j}$ 表示第 i 行、第 j 列的栅格深度值，则可得到缺陷轮廓的任意可行解 X 为

$$X = \begin{pmatrix} x_{1,1} & x_{1,2} & \cdots & x_{1,j} & \cdots & x_{1,N_2-1} & x_{1,N_2} \\ \vdots & \vdots & & \vdots & & \vdots & \vdots \\ x_{i,1} & x_{i,2} & \cdots & x_{i,j} & \cdots & x_{i,N_2-1} & x_{i,N_2} \\ \vdots & \vdots & & \vdots & & \vdots & \vdots \\ x_{N_1,1} & x_{N_1,2} & \cdots & x_{N_1,j} & \cdots & x_{N_1,N_2-1} & x_{N_1,N_2} \end{pmatrix} \tag{5-12}$$

同时，在缺陷轮廓的迭代反演过程中，任意解的可行域均为

$$D = \{x \,|\, 0 \leqslant x_{i,j} \leqslant N_3 (i = 1, 2, \cdots, N_1; j = 1, 2, \cdots, N_2)\} \tag{5-13}$$

令禁忌搜索算法的搜索步长为 λ，则可得到当前解 $\boldsymbol{X}$ 邻域内的任意解 $\boldsymbol{X}'$ 为

$$\boldsymbol{X}' = \begin{pmatrix} x_{1,1} & x_{1,2} & \cdots & x_{1,j} & \cdots & x_{1,N_2-1} & x_{1,N_2} \\ \vdots & \vdots & & \vdots & & \vdots & \vdots \\ x_{i,1} & x_{i,2} & \cdots & x_{i,j} \pm \lambda & \cdots & x_{i,N_2-1} & x_{i,N_2} \\ \vdots & \vdots & & \vdots & & \vdots & \vdots \\ x_{N_1,1} & x_{N_1,2} & \cdots & x_{N_1,j} & \cdots & x_{N_1,N_2-1} & x_{N_1,N_2} \end{pmatrix} \tag{5-14}$$

对于当前解邻域内的任意解，基于之前提出的漏磁检测简化正向计算模型，求取其三维 MFL 检测信号，并计算相应的相似度目标函数，即

$$E_{\mathrm{P}} = 1 - \frac{1}{3} \sum_{i=1}^{N} \left[\frac{\sum_{j=1}^{K} a_p^{ij} a_d^{ij} - n \, \overline{a_p^i} \, \overline{a_d^i}}{(K-1) S_{a_p^i} S_{a_d^i}} + \frac{\sum_{j=1}^{K} r_p^{ij} r_d^{ij} - n \, \overline{r_p^i} \, \overline{r_d^i}}{(K-1) S_{r_p^i} S_{r_d^i}} + \frac{\sum_{j=1}^{K} c_p^{ij} c_d^{ij} - n \, \overline{c_p^i} \, \overline{c_d^i}}{(K-1) S_{c_p^i} S_{c_d^i}} \right] \tag{5-15}$$

式中，a_p^i、r_p^i 和 c_p^i 分别为预测的轴向、径向与周向 MFL 检测信号沿管道轴向的检测数据序列，单位均为 T；a_d^i、r_d^i 和 c_d^i 分别为实测轴向、径向与周向 MFL 检测信号沿管道轴向的检测数据序列，单位均为 T；$S_{a_p^i}$、$S_{r_p^i}$ 和 $S_{c_p^i}$ 分别为预测数据序列的标准偏差；$S_{a_d^i}$、$S_{r_d^i}$ 和 $S_{c_d^i}$ 分别为实测数据序列的标准偏差；N 为沿管道周向的漏磁传感器通道数；K 为沿管道轴向的采样点个数。

为了获得更快的搜索速度，根据相似度目标函数值，选取当前解邻域内的第一个改进解作为新解。若当前邻域内无任何改进解，则比较邻域内所有解的相似度目标函数值，并选出其中的最优解 $\boldsymbol{X}^*$ 作为新解。事实上，若 $\boldsymbol{X}^*$ 的目标函数值 E_{P}^* 大于当前解 $\boldsymbol{X}$ 的目标函数值 E_{P}，当前解 $\boldsymbol{X}$ 即为局部极小值点，选择 $\boldsymbol{X}^*$ 作为新解即跳出了局部极小值点。

此外，为了避免禁忌搜索过程陷入死循环，设置长度为 N 的禁忌表，用于记录并排除此前搜索过的 N 个可行解。

为了加快跳出局部极值点的速度，在禁忌搜索算法中引入模拟退火策略，进而对邻域内任意解的取舍判别条件进行如下的修正。对于邻域内的任意解 $\boldsymbol{X}'$，若其目标函数值 E'_{P} 小于当前解 $\boldsymbol{X}$ 的目标函数值 E_{P}，直接令 $\boldsymbol{X}'$ 为新解；否则，新的轮廓 $\boldsymbol{X}'$ 仅在以下判据成立时才被接受作为新解，即

$$\exp \left(\frac{E_{\mathrm{P}} - E'_{\mathrm{P}}}{T} \right) \geqslant \mathrm{rand}\,(0, 1) \tag{5-16}$$

式中，T 为控制参数；$\mathrm{rand}\,(0, 1)$ 表示 $(0, 1)$ 上均匀分布的随机数；E_{P} 和 E'_{P} 分别为对应于缺陷轮廓 $\boldsymbol{X}$ 和 $\boldsymbol{X}'$ 的相似度目标函数。

当迭代次数达到一定值 k_1 时，搜索过程在当前控制参数下已达到平衡状态。此时，对控制参数 T 进行如下修正，即

$$T_{k+1} = \alpha T_k, \ 0 < \alpha < 1 \tag{5-17}$$

式中，α 的取值通常为 $0.8 \sim 0.95$。

判断搜索过程达到全局最优的终止判据有以下三种：控制参数已经小于一定的阈值 δ；总迭代次数已经达到一定值 k_2；连续 k_3 次搜索，最优解的目标函数取值未发生改变。

当以上某一判别条件成立时，迭代反演的搜索过程全部终止，获得基于网状模型的缺陷轮廓反演结果。此时，为了得到与实际缺陷相符的平滑边沿，对该缺陷轮廓进行如下平滑处理，即

$$d_{i,j} = (d_{i+1,j} + d_{i-1,j} + d_{i,j+1} + d_{i,j-1} + d_{i,j})/5 \tag{5-18}$$

式中，$d_{i,j}$ 表示缺陷轮廓网状模型中第 i 行、第 j 列的栅格深度值。

8. 随机搜索迭代反演方法的性能

采用双 CPU 的 Intel Xeon E7 – 4820 2 GHz 服务器，通过缺陷三维轮廓反演试验，对随机搜索迭代反演方法的精度、抗干扰能力以及对实际不规则缺陷的适用性进行验证，并对其受初始缺陷轮廓的影响进行研究。

在试验过程中，管道的外径与壁厚分别为 457mm 和 14.3mm，MFL 检测信号的测量提离值为 3mm，使用的典型的规则缺陷包括 30mm × 20mm × 5mm 矩形缺陷、30mm × 5mm 弧面缺陷及 30mm × 5mm 圆柱缺陷。

在缺陷三维轮廓网状模型中，以 2mm、1mm 和 1.4mm 为间隔，分别沿轴向、周向和径向对管壁进行划分。由于管道沿径向被划分为 10 等份，缺陷轮廓任意解的可行域均为

$$D = \{ x \mid 0 \le d_{i,j} \le 10 (i = 1, 2, \cdots, N_1; j = 1, 2, \cdots, N_2) \} \tag{5-19}$$

式中，$d_{i,j}$ 表示反演结果中横坐标 i、纵坐标 j 对应点处的缺陷轮廓深度值。

为了选择合适的迭代反演算法参数，在设定的参数选择范围内，通过试验进行了比较和选择，最终确定的算法参数见表 5-4。

表 5-4　迭代算法的参数设置

参数	符号	最小值	最大值	最终选择值
算法的搜索步长	λ	1	10	2
初始控制参数	T	1	20	5
迭代次数	k_1	1	50	20
更新速率	α	0.8	0.99	0.92
控制参数阈值	δ	0.05	0.5	0.2
总迭代次数	k_2	1000	3000	2000
连续搜索次数	k_3	10	100	50

在所选定的参数设置下，迭代反演算法终止条件中的总迭代次数为 2000 次，迭代反演时间仅取决于单次有限元正向计算的时间。因而，同一个缺陷在不同情况下的迭代反演时间差别不大，而不同缺陷的反演时间之间并无可比性。

关于漏磁检测缺陷轮廓反演的研究大多针对缺陷截面的二维轮廓，并没有统一的针对缺陷三维轮廓反演的误差定义。为了全面且详细地评估反演缺陷轮廓与真实缺陷轮廓之间的差距，将缺陷二维轮廓的各种误差定义推广应用于缺陷三维轮廓反演。

对于任意的缺陷三维轮廓反演结果，以缺陷开口轮廓为基础，分别沿轴向和周向方向在该区域内均匀取 N_1 和 N_2 个测量点。在此基础上，本文定义均方根误差 E_m、平均正误差 E_p、平均负误差 E_n 等三种形式的缺陷三维轮廓反演误差，其中 E_p 和 E_n 的定义示意图如图 5-36 所示。

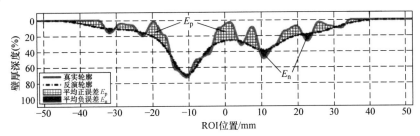

图 5-36　缺陷三维轮廓反演误差定义示意图

1）为了计算反演缺陷轮廓与真实缺陷轮廓之间的整体偏差，定义两者间的均方根误差 E_m，即

$$E_m = \sqrt{\sum_{i=1}^{N_1}\sum_{j=1}^{N_2}(d_{i,j}^p - d_{i,j}^r)^2 \Big/ \sum_{i=1}^{N_1}\sum_{j=1}^{N_2}(d_{i,j}^r)^2} \tag{5-20}$$

式中，$d_{i,j}^p$ 和 $d_{i,j}^r$ 分别为反演缺陷三维轮廓与真实缺陷轮廓在轴向第 i 个、周向第 j 个测量点处的径向深度值。

2）为了计算反演缺陷轮廓深度超出真实缺陷轮廓深度部分的平均百分比，定义平均正误差 E_p 为

$$E_p = \frac{1}{DN_{pos}}\sum_{i=1}^{N_1}\sum_{j=1}^{N_2}\varepsilon_{(d_{i,j}^p - d_{i,j}^r)}(d_{i,j}^p - d_{i,j}^r) \tag{5-21}$$

式中，$d_{i,j}^p$ 和 $d_{i,j}^r$ 分别为反演缺陷轮廓与真实缺陷轮廓在轴向第 i 个、周向第 j 个测量点处的径向深度值；ε 为单位阶跃函数；D 为管道壁厚；N_{pos} 为 $d_{i,j}^p > d_{i,j}^r$ 的测量点个数。

3）为了计算反演缺陷轮廓深度不足真实缺陷轮廓深度部分的平均百分比，定义平均负误差 E_n 为

$$E_n = \frac{1}{DN_{neg}}\sum_{i=1}^{N_1}\sum_{j=1}^{N_2}\varepsilon_{(d_{i,j}^r - d_{i,j}^p)}(d_{i,j}^r - d_{i,j}^p) \tag{5-22}$$

式中，$d_{i,j}^p$ 和 $d_{i,j}^r$ 分别为反演缺陷轮廓与真实缺陷轮廓在轴向第 i 个、周向第 j 个测量点处的

径向深度值；ε 为单位阶跃函数；D 为管道壁厚；N_{neg} 为 $d_{i,j}^p < d_{i,j}^r$ 的测量点个数。

主要使用均方根误差 E_m 对迭代反演过程与最终反演结果的误差进行评价，同时使用平均正误差 E_p 和平均负误差 E_n 对缺陷三维轮廓的最终反演结果进行补充评价。通过比较 E_p 与 E_n 的相对大小，可以判断反演缺陷轮廓与真实缺陷轮廓之间的误差分布是否均匀，进而可以判断迭代反演过程是否已在求解空间内进行了充分的搜索。

此外，由于迭代搜索过程存在随机性，每次迭代反演的搜索路径与最终结果均有差别。因此，对每个缺陷进行十次轮廓反演试验，取其中均方根误差最小的反演结果作为最终使用的反演结果。

在缺陷开口轮廓识别结果的基础上，将基于网状模型的初始缺陷轮廓设置为深度为 1/2 管道壁厚的平底缺陷。进而基于随机搜索迭代反演方法，对 30mm×20mm×5mm 矩形缺陷、30mm×5mm 弧面缺陷以及 30mm×5mm 圆柱缺陷等规则缺陷进行三维轮廓反演试验。

图 5-37、图 5-38 和图 5-39 分别给出了三个示例缺陷的三维轮廓迭代反演流程与相应的结果。由图可知，示例缺陷的缺陷开口轮廓识别结果与真实缺陷开口之间的差别不大，基于其建立的缺陷三维轮廓网状模型有效地划定了缺陷的初始轮廓。网状模型反演结果经平滑后得到的最终缺陷轮廓，与对应的真实缺陷轮廓相比，在缺陷开口、极值点位置与深度等方面基本吻合。

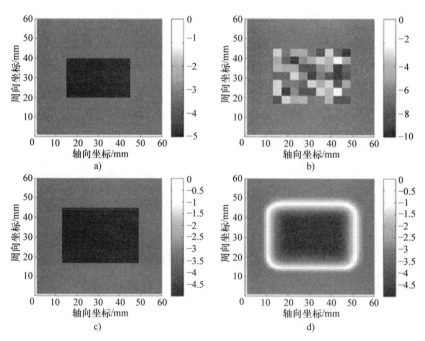

图 5-37　30mm×20mm×5mm 矩形缺陷三维轮廓迭代反演

a）真实缺陷轮廓　b）由开口轮廓识别结果建立的网状模型　c）网状模型的反演结果　d）最终的缺陷轮廓

图 5-40 所示为上述三个示例缺陷在三维轮廓迭代反演过程中的误差收敛曲线，其中统计的误差为反演缺陷轮廓与真实缺陷轮廓间的均方根误差。由图可知，在迭代反演过程中，

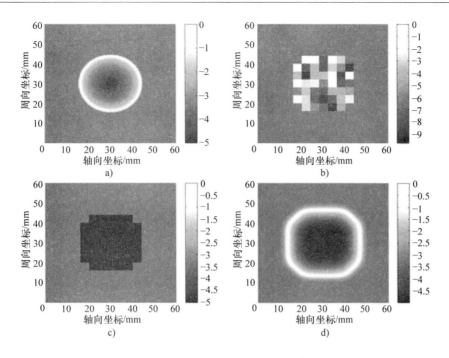

图 5-38　30mm×5mm 弧面缺陷三维轮廓迭代反演

a）真实缺陷轮廓　　b）由开口轮廓识别结果建立的网状模型　　c）网状模型的反演结果　　d）最终的缺陷轮廓

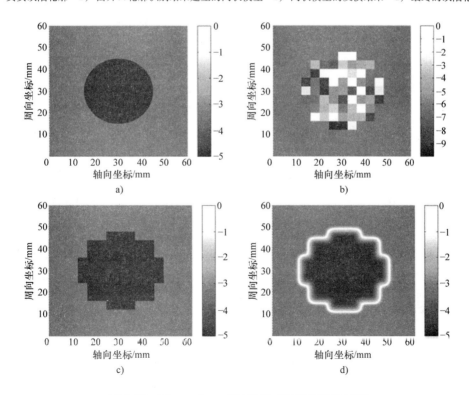

图 5-39　30mm×5mm 圆柱缺陷三维轮廓迭代反演

a）真实缺陷轮廓　　b）由开口轮廓识别结果建立的网状模型　　c）网状模型的反演结果　　d）最终的缺陷轮廓

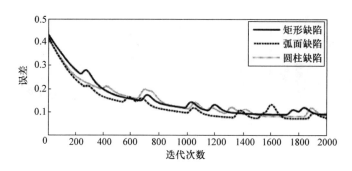

图 5-40 缺陷三维轮廓迭代反演的误差收敛曲线

随着迭代次数的增加，反演缺陷的误差逐步递减。在搜索过程中的局部极值点处，随机搜索算法为了跳出局部极值点而转向误差较大的缺陷轮廓，导致误差收敛曲线中出现了跳跃部分。最终，当总迭代次数达到设定的 2000 次时，迭代反演过程终止，三个缺陷反演结果的均方根误差均小于 10%。

统计上述示例缺陷最终的三维轮廓反演误差见表 5-5。由统计结果可知，矩形、弧面与圆柱缺陷反演结果的均方根误差分别为 9.2%、7.6% 和 8.5%。反演缺陷轮廓与真实缺陷轮廓之间较小的整体偏差，证明随机搜索迭代反演方法实现了缺陷三维轮廓的高精度反演。同时，平均正误差与平均负误差之间的差别不大，表明反演轮廓与真实轮廓之间的误差分布比较均匀，由此可知，迭代反演过程已在求解空间内进行了充分的搜索。

表 5-5　缺陷三维轮廓的反演误差

缺陷形状	尺寸	E_m(%)	E_p(%)	E_n(%)
矩形	30mm × 20mm × 5mm	9.2	3.9	3.1
弧面	30mm × 5mm	7.6	3.2	2.6
圆柱	30mm × 5mm	8.5	3.6	2.8

为了验证随机搜索迭代反演方法的抗干扰能力，在以上三个缺陷的三维 MFL 仿真信号中添加 1%、2% 和 5% 的随机噪声，重新进行缺陷轮廓的反演试验，得到如图 5-41、图 5-42 和图 5-43 所示的结果。

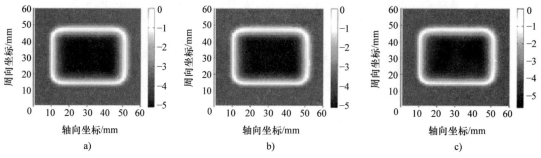

图 5-41　不同噪声水平下 30mm × 20mm × 5mm 矩形缺陷的轮廓反演结果

a) 1% 噪声　b) 2% 噪声　c) 5% 噪声

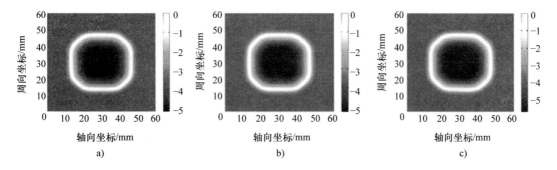

图 5-42　不同噪声水平下 30mm×5mm 弧面缺陷的轮廓反演结果

a）1% 噪声　b）2% 噪声　c）5% 噪声

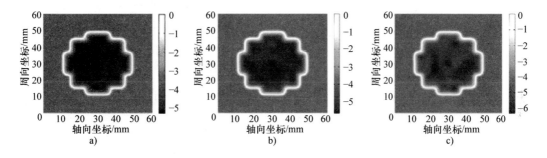

图 5-43　不同噪声水平下 30mm×5mm 圆柱缺陷的轮廓反演结果

a）1% 噪声　b）2% 噪声　c）5% 噪声

　　统计各个缺陷在不同噪声水平下的反演误差见表 5-6。由统计结果可知，随着三维 MFL 检测信号中噪声水平的增加，缺陷三维轮廓的反演误差逐渐增大。在 1% 的噪声水平下，缺陷三维轮廓反演结果的均方根误差、平均正误差与平均负误差分别不超过 10.5%、4.3% 和 3.4%。在 5% 的噪声水平下，30mm×20mm×5mm 矩形缺陷三维轮廓反演结果的均方根误差、平均正误差与平均负误差最大达到了 15.2%、7.5% 和 6.3%。

　　然而，在对实际油气管道进行 MFL 检测时，缺陷 MFL 检测信号的幅值会达到 400Gs 甚至更高，而检测信号中噪声的幅值一般低于 2Gs。因此，实际 MFL 检测中的噪声水平不足 1%，并不会对缺陷三维轮廓随机搜索迭代反演的结果造成明显的干扰。

表 5-6　不同噪声水平下缺陷三维轮廓的反演误差

缺陷	1% 噪声（%）			2% 噪声（%）			5% 噪声（%）		
	E_m	E_p	E_n	E_m	E_p	E_n	E_m	E_p	E_n
矩形 30mm×20mm×5mm	10.5	4.3	3.4	11.6	5.4	4.4	15.2	7.5	6.3
弧面 30mm×5mm	8.4	3.6	2.9	9.1	4.7	4.0	13.1	6.7	6.0
圆柱 30mm×5mm	9.7	3.9	3.1	10.3	4.9	4.2	14.4	7.2	6.2

　　为了进一步验证随机搜索迭代反演方法对于实际油气管道中未知形状缺陷的适用性，基于图 5-44 所示的不规则缺陷，进行三维轮廓反演试验。其中，初始缺陷轮廓设置成深度为 1/2 管道壁厚的平底缺陷，迭代反演算法终止的总迭代次数设为 4000 次。

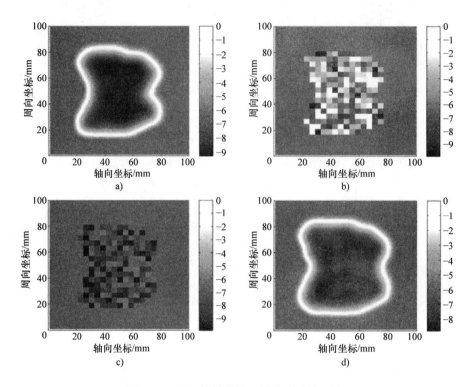

图 5-44　不规则缺陷的三维轮廓迭代反演

a）真实缺陷轮廓　b）基于缺陷开口轮廓识别结果建立的网状模型

c）缺陷三维轮廓网状模型的反演结果　d）最终的缺陷轮廓

由图 5-44 可知，该不规则缺陷的开口轮廓识别结果与真实开口轮廓基本符合。在对缺陷三维轮廓网状模型的迭代反演结果进行适当的平滑处理后，得到了缺陷轮廓的最终反演结果。对比缺陷的最终反演轮廓与真实轮廓，两者深度极值点的位置与取值具有较高的相似性。

经计算，该不规则缺陷三维轮廓反演结果的均方根误差为 12.4%，在实际可接受的范围内。这表明，随机搜索迭代反演方法对实际管道中的不规则缺陷也具有较好的适用性。

在上述不规则缺陷的迭代反演过程中，将初始缺陷轮廓分别设置成深度为 1/4 管道壁厚和 3/4 管道壁厚的平底缺陷，并将迭代反演算法终止条件中的总迭代次数仍设为 4000 次。进而进行缺陷三维轮廓迭代反演试验，得到如图 5-45 所示的结果。

表 5-7 所列为该不规则缺陷在不同初始缺陷轮廓时的反演误差。由表可知，当初始缺陷深度为 1/4 管道壁厚和 3/4 管道壁厚时，反演缺陷轮廓与真实缺陷轮廓间的均方根误差分别为 28.1% 和 9.7%，与初始缺陷深度为 1/2 管道壁厚时的反演误差有了较大的变化。同时，改变初始缺陷轮廓后，反演结果的平均正误差与平均负误差出现了显著变化，表明迭代反演过程在求解空间内的搜索状态发生了明显改变。由此可知，初始缺陷轮廓的选择会对随机搜索迭代反演的结果产生明显的影响。

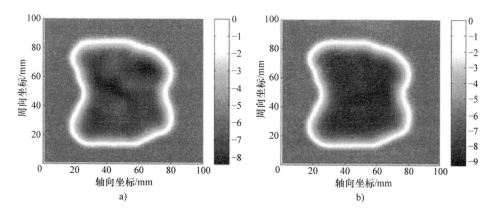

图 5-45　不同初始缺陷轮廓时不规则缺陷的三维轮廓反演结果

a）初始缺陷深度为 1/4 管道壁厚　b）初始缺陷深度为 3/4 管道壁厚

表 5-7　不同初始轮廓下缺陷三维轮廓的反演误差

初始轮廓深度	E_m（%）	E_p（%）	E_n（%）
1/4 壁厚	28.1	3.5	11.3
1/2 壁厚	12.4	6.8	5.6
3/4 壁厚	9.7	5.4	4.3

图 5-46 所示为不同初始缺陷轮廓时迭代反演过程的误差收敛曲线，其中的误差为评价缺陷反演结果整体偏差的均方根误差。当初始缺陷的深度分别设置为 1/4 管道壁厚、1/2 管道壁厚和 3/4 管道壁厚时，迭代反演过程的初始误差分别为 0.67、0.54 和 0.41。在相同的总迭代次数下，不同的初始轮廓直接导致了不同的最终反演误差。这再次表明初始缺陷轮廓会对缺陷三维轮廓随机搜索迭代反演的结果产生直接影响。

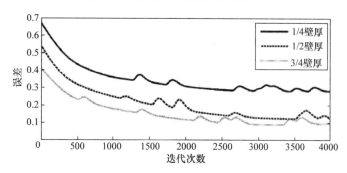

图 5-46　不同初始缺陷时不规则缺陷三维轮廓迭代反演的误差收敛曲线

5.1.4　缺陷三维轮廓的人工神经网络迭代反演方法

常规的基于人工神经网络的缺陷量化反演方法，直接利用训练后的人工神经网络对缺陷轮廓参数进行预测，可称作人工神经网络直接反演方法。人工神经网络直接反演方法存在多方面的问题，使其难以用于缺陷三维轮廓反演。首先，由于缺陷量化反演问题的病态性，直接反演方法不一定能收敛于全局最优解，导致其量化反演精度低。其次，该类方法对训练样本的依赖性高，对未知形状缺陷的泛化能力不足。最后，人工神经网络方法存在维数灾难问题。当人工神经网络被直接用于缺陷三维轮廓反演时，三维 MFL 检测信号和缺陷轮廓的复杂参数表示会引起神经元数量的剧增，进而导致网络训练时间急剧增加，甚至导致网络训练算法根本无法收敛。

为了利用人工神经网络的快速性，采用迭代法的思想，解决人工神经网络的反演精度低和泛化能力不足的问题，进而研究 MFL 检测缺陷三维轮廓的人工神经网络迭代反演方法。为了减少人工神经网络的神经元数量，应用主成分分析法提取能有效反映缺陷轮廓参数的 MFL 检测信号主要特征值，并建立适用于人工神经网络方法的缺陷三维轮廓条状模型。在此基础上，将建立矩形、圆柱、弧面三种样本缺陷的等价条状模型和用于缺陷三维 MFL 检测信号正向预测的人工神经网络。进而，将正向预测人工神经网络嵌入迭代循环，提出 MFL 检测缺陷三维轮廓的人工神经网络迭代反演方法，并推导基于梯度下降算法的条状模型参数迭代修正公式。

1. 三维 MFL 检测信号的主要特征值提取

人工神经网络的神经元数量与输入数据的规模正相关，因此存在维数灾难问题。当三维 MFL 检测数据被直接用于缺陷三维轮廓反演时，大规模的检测数据会引起神经元数量的剧增，易导致网络训练时间急剧增加甚至无法训练。

为了减少人工神经网络的神经元数量从而降低其训练复杂度，对三维 MFL 检测信号的冗余度进行分析，进而定义三维 MFL 检测信号的特性值，并从中提取能有效反映缺陷轮廓参数的 MFL 检测信号主要特征值，从而实现消除数据冗余、降低输入数据规模、减少人工神经网络神经元数量的目的。

基于 28.6mm ×7.2mm 弧面缺陷、28.6mm ×7.2mm 圆柱缺陷及 28.6mm ×14.3mm ×7.2mm 矩形缺陷，分析三维 MFL 检测信号的数据冗余度。其中，三维 MFL 检测信号的轴向与周向采样间隔均为 1mm，三维 MFL 检测信号分量均以 90 ×90 的矩阵进行表示。

图 5-47 所示为 28.6mm ×7.2mm 弧面缺陷的三维 MFL 检测信号。分别提取三维 MFL 检

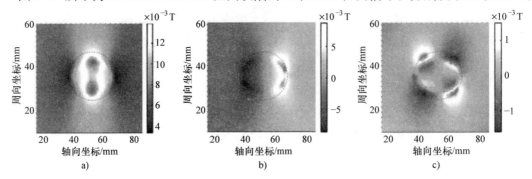

图 5-47　28.6mm ×7.2mm 弧面缺陷的三维 MFL 检测信号

a）轴向分量　b）径向分量　c）周向分量

测信号分量各自的特征向量，将所得到的特征向量按所占比例由高到低排列，并统计各特征向量占比的累加结果，如图 5-48 所示。由统计结果可知，轴向分量和径向分量的三个主要特征向量的占比之和已达到 95%，周向分量的 6 个主要特征向量的占比之和达到了 95%。为了在减少数据冗余的同时保持尽可能高的准确度，设定特征向量的占比阈值为 95%，则示例缺陷三维 MFL 检测信号的轴向分量与径向分量均可用各自的 3 个主要特征向量表示，周向分量则可用其 6 个主要特征向量表示。

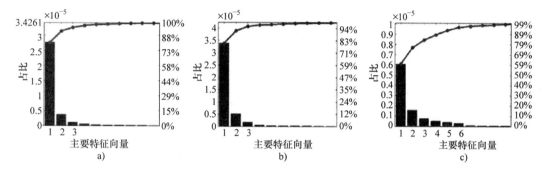

图 5-48　28.6mm×7.2mm 弧面缺陷三维 MFL 检测信号的主要特征向量占比及累加结果

a）轴向分量　b）径向分量　c）周向分量

因此，在保持原始三维 MFL 检测信号 95% 本征特点的精度下，轴向、径向与周向 MFL 检测信号可以分别使用 90×3、90×3 及 90×6 的矩阵进行简化表示。相比于原始的 90×90 矩阵，基于主要特征向量的简化表示分别减少了 96.7%、96.7% 和 93.3% 的待处理数据量。由此可知，原始三维 MFL 检测信号中存在大量的数据冗余。

以同样的方法，对 28.6mm×7.2mm 圆柱缺陷和 28.6mm×14.3mm×7.2mm 矩形缺陷的三维 MFL 检测信号进行分析，得到了如图 5-49 和图 5-50 所示的主要特征向量占比及累加结果。设定特征量占比阈值为 95%，则圆柱缺陷三维 MFL 检测信号的轴向分量、径向分量与周向分量分别可用 3 个、3 个和 6 个主要特征向量表示，矩形缺陷三维 MFL 检测信号的轴向分量、径向分量与周向分量分别可用 3 个、3 个和 5 个主要特征量表示。采用主要特征向

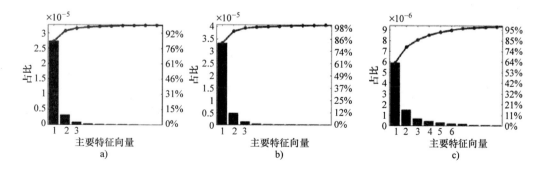

图 5-49　28.6mm×7.2mm 圆柱缺陷三维 MFL 检测信号的主要特征向量占比及累加结果

a）轴向分量　b）径向分量　c）周向分量

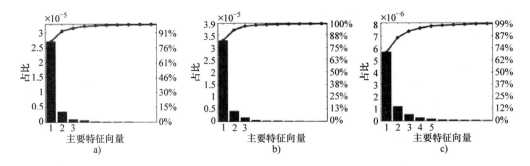

图 5-50　28.6mm×14.3mm×7.2mm 矩形缺陷三维 MFL 检测信号的主要特征向量占比及累加结果

a) 轴向分量　b) 径向分量　c) 周向分量

量对圆柱缺陷与矩形缺陷的 MFL 检测信号三维分量进行简化表示后，均可减少 90% 以上的待处理数据量，这表明原始三维 MFL 检测信号中存在大量的数据冗余。

为了能准确反映缺陷的轮廓参数，对三维 MFL 检测信号的特征值进行定义。由于不同形状缺陷的三维 MFL 检测信号差别很大，特征值需要尽量选取一般缺陷所共有的一些基本特征。因此，在定义特征值时，考虑的内容主要包括三维 MFL 检测信号的峰谷值、峰谷值点的轴向与周向间距、漏磁场的"体积"与"能量"等反映缺陷开口轮廓或深度的基本特征。其中，漏磁场的"体积"为漏磁场磁感应强度的面积分，单位为 $T \cdot mm^2$；漏磁场的"能量"为漏磁场磁感应强度平方的面积分，单位为 $T^2 \cdot mm^2$。

以 28.6mm×7.2mm 弧面缺陷为例，对三维 MFL 检测信号的特征值进行定义。由于缺陷的轴向、径向和周向 MFL 检测信号各不相同，分别针对这三个分量进行特征值定义。

（1）轴向分量　图 5-51 所示为示例弧面缺陷的轴向 MFL 检测信号，该信号包含一个峰值区域（含两个峰值点）与两个谷值点。其中，两个谷值点分别位于缺陷沿轴向的左右开口处，峰值区域位于缺陷开口的中心。

首先，轴向信号的峰、谷值点反映了缺陷底部轮廓的拐点，因此将轴向 MFL 检测信号的峰、谷值及对应点的轴向与周向间距选作特征值。

其次，漏磁场轴向分量的整体幅值反映了缺陷深度的相对大小，因此选择轴向 MFL 检测信号的体积和能量作为特征值。此外，轴向 MFL

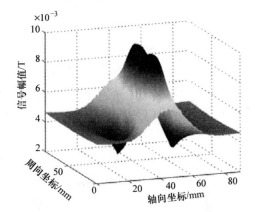

图 5-51　28.6mm×7.2mm 弧面缺陷的轴向 MFL 检测信号

检测信号在缺陷开口边界处发生突变，因此将检测信号梯度最大值点的幅值与坐标选作特征值。

最后，考虑到轴向 MFL 检测信号中间峰值区域的复杂分布，分别沿轴向与周向取检测信号的中心检测曲线，如图 5-52 所示。在轴向中心检测曲线上，取峰谷值及对应的间距 da 作为特征值；在周向中心检测曲线上，取峰谷值及对应的间距 dc 作为特征值。

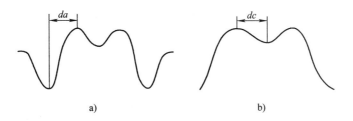

图 5-52　轴向 MFL 检测信号中心检测曲线的特征值定义示意图

a）轴向中心检测曲线　b）周向中心检测曲线

最终定义的轴向 MFL 检测信号的特征值见表 5-8。

表 5-8　轴向 MFL 检测信号的特征值定义

特征值	单位	定义
$Pa1$	T	检测信号的峰值
$Pa2$	T	检测信号的谷值
$Pa3$	mm	检测信号峰谷值点的轴向间距
$Pa4$	mm	检测信号峰谷值点的周向间距
$Pa5$	T/mm	最大梯度值
$Pa6$	mm	梯度最大值点轴向坐标
$Pa7$	mm	梯度最大值点周向坐标
$Pa8$	$T \cdot mm^2$	漏磁场体积
$Pa9$	$T^2 \cdot mm^2$	漏磁场能量
$Pa10$	T	周向中心曲线峰值
$Pa11$	T	周向中心曲线谷值
$Pa12$	mm	周向中心曲线峰谷值点的周向间距
$Pa13$	T	轴向中心曲线峰值
$Pa14$	T	轴向中心曲线谷值
$Pa15$	mm	轴向中心曲线峰谷值点的轴向间距

（2）径向分量　图 5-53 所示为示例弧面缺陷的径向 MFL 检测信号，该信号具有一个峰值点与一个谷值点，且沿轴向分别位于缺陷的左右开口处，因此将峰、谷值及对应点的轴向与周向间距选作特征值。同时，径向 MFL 检测信号的轮廓基本反映了缺陷的开口形状，有必要选取峰值区域和谷值区域的半径作为特征值。

此外，漏磁场径向分量的整体幅值反映了缺陷深度的相对大小，因此，选择径向 MFL 检测信号的体积和能量作为补充特征值。最终定义的径向 MFL 检测信号特征值见表 5-9。

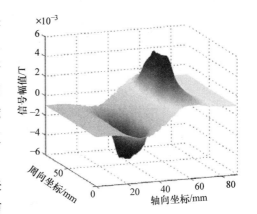

图 5-53　28.6mm×7.2mm 弧面缺陷的
径向 MFL 检测信号

表 5-9　径向 MFL 检测信号的特征值定义

特征值	单位	定义
$Pr1$	T	检测信号的峰值
$Pr2$	T	检测信号的谷值
$Pr3$	mm	检测信号峰谷值点的轴向间距
$Pr4$	mm	检测信号峰谷值点的周向间距
$Pr5$	mm	峰值区域的半径
$Pr6$	mm	谷值区域的半径
$Pr7$	$T \cdot mm^2$	漏磁场体积
$Pr8$	$T^2 \cdot mm^2$	漏磁场能量

（3）周向分量　图 5-54 所示为示例弧面缺陷的周向 MFL 检测信号。该信号具有两个峰值点与两个谷值点，且均位于缺陷开口边沿处，因此将峰、谷值及对应点的轴向与周向间距选作特征值。考虑到周向 MFL 检测信号的轮廓与缺陷侧面边界的一致性较好，有必要选取峰值区域和谷值区域的半径作为特征值。同时，周向 MFL 检测信号在缺陷开口边界处发生突变，因此将周向检测信号梯度最大值点的幅值与坐标选作特征值。

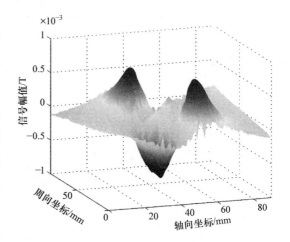

图 5-54　28.6mm×7.2mm 弧面缺陷的周向 MFL 检测信号

此外，漏磁场周向分量的整体幅值反映了缺陷深度的相对大小，故选择周向 MFL 检测信号的体积和能量作为补充特征值。最终定义的周向 MFL 检测信号特征值见表 5-10。

表 5-10　周向 MFL 检测信号的特征值定义

特征值	单位	定义
$Pc1$	T	检测信号的峰值
$Pc2$	T	检测信号的谷值
$Pc3$	mm	检测信号峰谷值点的轴向间距
$Pc4$	mm	检测信号峰谷值点的周向间距
$Pc5$	mm	峰值区域的半径
$Pc6$	mm	谷值区域的半径
$Pc7$	T/mm	最大梯度值
$Pc8$	mm	梯度最大值点轴向坐标
$Pc9$	mm	梯度最大值点周向坐标
$Pc10$	$T \cdot mm^2$	漏磁场体积
$Pc11$	$T^2 \cdot mm^2$	漏磁场能量

　　为了尽可能降低三维 MFL 检测信号中的数据冗余，应用主成分分析法对已经定义的三维 MFL 检测信号特征值进行分析，进而提取其中能有效反映缺陷轮廓参数的主要特征值。

　　主成分分析法是一种线性的数据降维方法，通过构建待处理数据空间的正交基，将含有数据冗余的多个变量以较少的几个变量进行简化表示，从而达到降低数据冗余和减小数据规模的目标。

　　前述已定义的三维 MFL 检测信号特征值包括 15 个轴向特征值、8 个径向特征值和 11 个周向特征值。应用主成分分析法分析这 34 个特征值的基本步骤如下：

　　1）取 x 个试验缺陷 D_1，D_2，$\cdots$，D_i，$\cdots$，D_{x-1}，D_x，分别计算各个缺陷对应的 34 个三维 MFL 检测信号特征值 P_1，P_2，$\cdots$，P_{34}。组合所有的特征值，得到用于分析的目标矩阵 $\boldsymbol{M}$，即

$$\boldsymbol{M} = \begin{pmatrix} P_{1,1} & P_{1,2} & \cdots & & P_{1,33} & P_{1,34} \\ \vdots & \vdots & & & \vdots & \vdots \\ P_{i,1} & P_{i,2} & \cdots & P_{i,j} & \cdots & P_{i,33} & P_{i,34} \\ \vdots & \vdots & & & \vdots & \vdots \\ P_{x,1} & P_{x,2} & \cdots & & P_{x,33} & P_{x,34} \end{pmatrix} \tag{5-23}$$

　　2）求出目标矩阵 $\boldsymbol{M}$ 的全部特征向量，计算每个特征向量 $\boldsymbol{V}$ 对应的成分占比，并按占比从高到低对所有特征向量进行排序。

　　3）设定用于判断三维 MFL 检测信号主要特征值的成分占比阈值 δ。在上述的排序结果中，从前往后选取成分占比最大的 k 个特征向量 $\boldsymbol{V}_1$，$\cdots$，$\boldsymbol{V}_i$，$\cdots$，$\boldsymbol{V}_k$。

　　4）选择特征向量 $\boldsymbol{V}_1$，$\cdots$，$\boldsymbol{V}_i$，$\cdots$，$\boldsymbol{V}_k$ 在目标矩阵中所对应的三维 MFL 检测信号特征值 P_1，$\cdots$，P_i，$\cdots$，P_k，即为所求的三维 MFL 检测信号主要特征值。

　　首先基于一组弧面缺陷，提取三维 MFL 检测信号的主要特征值。其中，弧面缺陷直径的最小值、最大值及间隔分别为 14.3mm、28.6mm 和 1.4mm，缺陷深度的最小值、最大值及间隔分别为 1.4mm、7.2mm 和 1.4mm，缺陷总个数为 55 个。

　　分别求解各个缺陷三维 MFL 检测信号的 34 个特征值，并对这些特征值组成的矩阵进行主成分分析，得到图 5-55 所示的主成分分析结果。其中，为了显示方便，分析结果中仅列

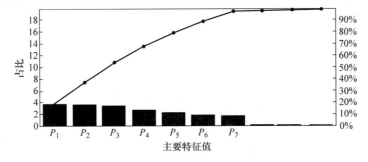

图 5-55　基于弧面缺陷的三维 MFL 检测信号特征值的主成分分析结果

出了占比最大的前 10 个特征值。为了在减少数据冗余的同时保持尽可能高的准确度，设定特征值成分占比的阈值为 90%，则所有的三维 MFL 检测信号特征值可用其中的 7 个主要特征值进行有效的表示。其中，所选定的 7 个主要特征值为 $Pa8$、$Pa9$、$Pa1$、$Pa2$、$Pr3$、$Pc4$ 和 $Pa6$。

　　为了对上述结果进行进一步的验证，分别基于矩形缺陷与圆柱缺陷提取三维 MFL 检测信号的主要特征值。两种缺陷的尺寸参数见表 5-11，其中，矩形缺陷总个数为 260 个，圆柱缺陷总个数为 55 个。

表 5-11　用于主要特征值提取的矩形缺陷与圆柱缺陷尺寸参数

参数	矩形缺陷			圆柱缺陷	
	长度	宽度	深度	直径	深度
最小值/mm	14.3	7.2	1.4	14.3	1.4
最大值/mm	100.1	28.6	7.2	28.6	7.2
间隔/mm	7.2	7.2	1.4	1.4	1.4

　　图 5-56 和图 5-57 所示分别为基于矩形缺陷和圆柱缺陷所得到的三维 MFL 检测信号特征值主成分分析结果。其中，为了显示方便，分析结果中仅列出了占比最大的前 10 个特征值。设定特征值成分占比的阈值为 90%，基于两个分析结果选定的 7 个主要特征值虽然先后顺序有所不同，但均为 $Pa8$、$Pa9$、$Pa1$、$Pa2$、$Pr3$、$Pc4$ 和 $Pa6$。

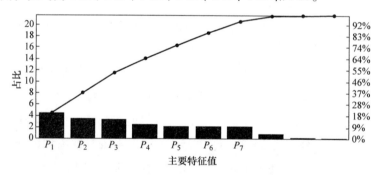

图 5-56　基于矩形缺陷的三维 MFL 检测信号特征值的主成分分析结果

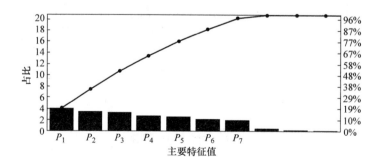

图 5-57　基于圆柱缺陷的三维 MFL 检测信号特征值的主成分分析结果

由以上结果可知，在设定特征值成分占比的阈值为 90% 的前提下，无论是基于弧面缺陷、矩形缺陷或圆柱缺陷，应用主成分分析法提取的三维 MFL 检测信号主要特征值均为 $Pa8$、$Pa9$、$Pa1$、$Pa2$、$Pr3$、$Pc4$ 和 $Pa6$ 这 7 个特征值。因此，对于任意缺陷的三维 MFL 检测信号，均可通过这七个主要特征值进行有效的表示。

实际中，在对缺陷三维轮廓进行反演时，根据之前提出的缺陷开口轮廓检测方法，已由三维 MFL 检测信号的梯度信息检测出了缺陷的开口轮廓。主要特征值中 $Pa6$ 对应的轴向 MFL 检测信号梯度最大值点坐标相当于已被求出，因而可以从主要特征值的列表中舍去，进而得到表 5-12 所列的用于缺陷轮廓反演的三维 MFL 检测信号主要特征值。

表 5-12　用于缺陷轮廓反演的三维 MFL 检测信号主要特征值

特征值	单位	定义
P_1	T·mm^2	轴向 MFL 检测信号漏磁场体积
P_2	T^2·mm^2	轴向 MFL 检测信号漏磁场能量
P_3	T	轴向 MFL 检测信号的峰值
P_4	T	轴向 MFL 检测信号的谷值
P_5	mm	径向 MFL 检测信号峰谷值的轴向间距
P_6	mm	周向 MFL 检测信号峰谷值的周向间距

在后续的缺陷三维轮廓反演过程中，将以主要特征值取代原始的三维 MFL 检测信号，作为人工神经网络的输入或输出。如此，可极大地减少人工神经网络中的神经元数量，从而降低网络的训练复杂度并减少训练时间。

2. 缺陷三维轮廓条状模型

按之前提出的方法所检测出的缺陷开口轮廓，基本上划定了缺陷三维轮廓反演的待求解区域。在其基础上引入深度参数，即可建立缺陷三维轮廓人工神经网络反演所需要的缺陷三维模型。

为了尽可能减少缺陷三维模型的参数，提出由任意缺陷开口轮廓 S 建立缺陷三维轮廓条状模型的方法，具体步骤如下：

1）确定划分尺寸 Δw，将管壁待求解区域沿周向划分为 N 等份。设缺陷开口轮廓外部的深度均为 0，开口轮廓内部的每等份均为深度相同的等高平面，可得到如图 5-58 所示的初步划分结果。

2）求出缺陷开口轮廓内部任一等份的等价长度，将该等份用等价的长方形进行表示，如图 5-59 所示。其中，等价长方形的长度按下式进行计算，即

$$L = S/\Delta w \tag{5-24}$$

式中，S 为该等份开口截面的面积；Δw 为模型沿管道周向的划分尺寸。

3）组合各等份所对应的等价长方形，得到新的开口轮廓。确定各等份在管道径向方向的深度参数 d，得到如图 5-60 所示的最终缺陷三维轮廓条状模型 M_S。

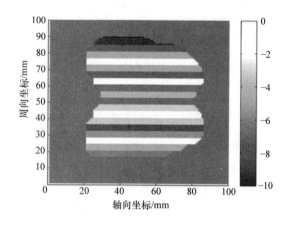

图 5-58　缺陷开口轮廓的初步划分结果示例 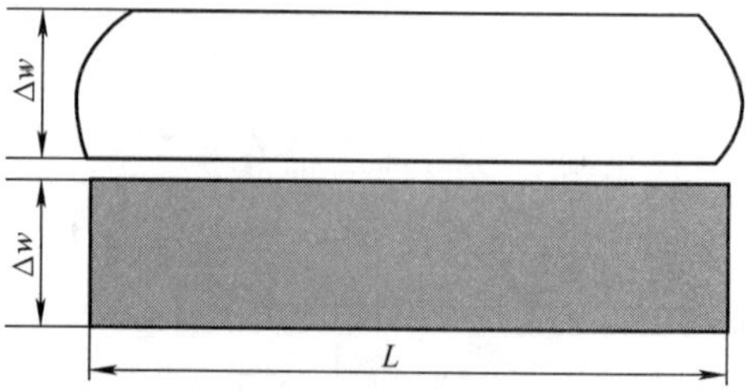　　　　图 5-59　缺陷开口轮廓任一等份的等价长方形表示

在该模型中，未知参数为各个等份的深度 d。因此，令 L_i 表示第 i 个等份的长度值，d_i 表示第 i 个等份的深度值，则在已知沿管道周向划分尺寸 Δw 的前提下，可得到如下表示的缺陷三维轮廓条状模型，即

$$M_S = \left\{ (L_1, d_1), \cdots, (L_i, d_i), \cdots, (L_N, d_N) \right\} \tag{5-25}$$

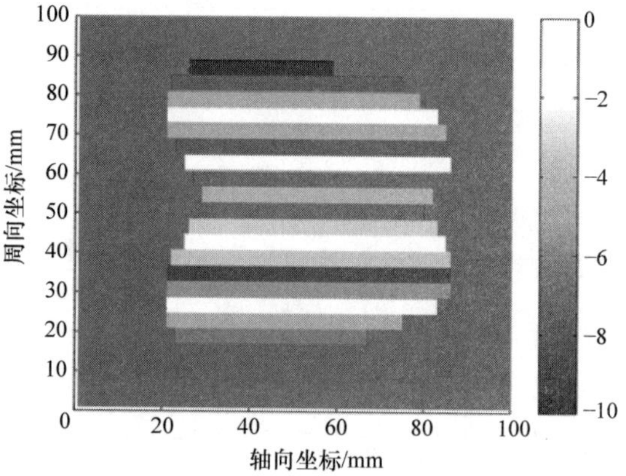

在该表达式中，缺陷开口轮廓内部的长度与深度参数为待求解的未知量。在缺陷开口轮廓外部，所有等份的长度与深度参数均为

图 5-60　缺陷三维轮廓条状模型示例

$$L_i = d_i = 0 \tag{5-26}$$

按所建立的条状模型，事实上为等高的条状近似模型，因而基于此模型的反演结果具有突变的非平滑边沿。考虑到与实际缺陷平滑边沿之间的差别，在实际的缺陷三维轮廓反演过程中，将对基于条状模型的反演结果进行适当的平滑处理，以得到较为平滑的缺陷边沿。

3. 基于径向基函数人工神经网络的 MFL 检测信号正向预测

用于缺陷三维 MFL 检测信号正向预测的径向基函数（radial - basis function，RBF）人工神经网络的输入为基于三维轮廓条状模型的缺陷参数，输出为所提取的三维 MFL 检测信号主要特征值。在对正向预测人工神经网络进行训练时，将建立矩形、弧面和圆柱三类训练样本缺陷的等价条状模型。最后，基于训练后的 RBF 人工神经网络，进行缺陷 MFL 检测信号主要特征值的预测。

RBF 人工神经网络满足缺陷三维轮廓量化的非线性映射要求，在隐含层单元数量足够的情况下，能以三层网络实现对任意连续函数的任意精度逼近，并且可保持其他前向型人工神经网络所不具备的最佳逼近性能。因此，可利用 RBF 人工神经网络进行缺陷三维 MFL 检测信号的正向预测。

图 5-61 所示为 RBF 人工神经网络的基本结构，包含输入层、输出层、隐含层三部分。设输入向量 X 含有 M 个分量，输出向量 Y 含有 N 个分量，则 RBF 人工神经网络输入与输出间的完整映射关系为

$$y_j = f_j(\boldsymbol{X}) = \sum_{i=1}^{H} W_{ij} \varphi_i(\| \boldsymbol{x} - \boldsymbol{c}_i \|) \tag{5-27}$$

式中，y_j 为输出向量 Y 的第 j 个分量；φ_i 为隐含层内的第 i 个基函数；c_i 为基函数 φ_i 的中心向量；W_{ij} 为隐含层第 i 个基函数与输出向量第 j 个分量之间的连接权值；H 为隐含层内的神经元数量。

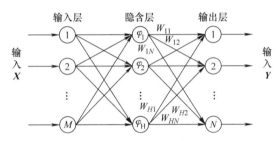

图 5-61 RBF 人工神经网络的结构

为了实现网络隐含层的非线性映射功能，选择如下的高斯函数作为 RBF 人工神经网络的基函数，即

$$\varphi_i(\| \boldsymbol{x} - \boldsymbol{c}_i \|) = \exp\left(-\frac{\| \boldsymbol{x} - \boldsymbol{c}_i \|^2}{2\sigma_i^2}\right) \tag{5-28}$$

式中，c_i 和 σ_i 分别为高斯基函数的中心向量与宽度参数。

将高斯基函数的计算式代入人工神经网络，可得到 RBF 人工神经网络的完整的输入输出映射关系，即

$$y_j = f_j(\boldsymbol{X}) = \sum_{i=1}^{H} W_{ij} \exp\left(-\frac{\| \boldsymbol{x} - \boldsymbol{c}_i \|^2}{2\sigma_i^2}\right) \tag{5-29}$$

式中，c_i 和 σ_i 分别为高斯基函数的中心向量与宽度参数；W_{ij} 为隐含层第 i 个基函数与输出向量第 j 个分量之间的连接权值；H 为隐含层内的神经元数量。

由图 5-62 所示的 RBF 人工神经网络迭代训练过程可知，通过调整网络连接权值与基函数参数，可不断减小网络实际输出与目标输出之间的差值。选择网络实际输出 Y 与目标输出 T 之间的均方误差作为网络训练过程中的目标函数，即

$$E = \frac{1}{N} \sum_{j=1}^{N} (e_j)^2 = \frac{1}{N} \sum_{j=1}^{N} (y_j - t_j)^2 \tag{5-30}$$

式中，y_j 和 t_j 分别为网络实际输出 Y 与目标输出 T 的第 j 个分量；N 为输出向量的分量个数。

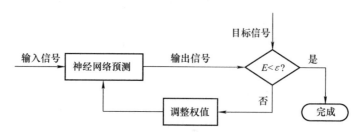

图 5-62 RBF 人工神经网络迭代训练过程

在 RBF 人工神经网络的迭代训练过程中，采用梯度下降算法对网络隐含层与输出层之间的连接权值 W_{ij} 进行迭代修正，可推导出如下的修正公式

$$W_{ij}(k+1) = W_{ij}(k) - \eta_W \frac{\partial E}{\partial W_{ij}} + \mu \Delta W_{ij}(k)$$

$$= W_{ij}(k) - \frac{2\eta_W}{N} e_j \varphi(\parallel x_j - c_i \parallel) + \mu \Delta W_{ij}(k)$$

$$= W_{ij}(k) - \frac{2\eta_W(y_j - t_j)}{N} \exp(-\frac{\parallel x - c_i \parallel^2}{2\sigma_i^2}) + \mu \Delta W_{ij}(k) \tag{5-31}$$

式中，η_W 为算法的学习率，用于控制网络连接权值 W_{ij} 修正算法的收敛速度。

高斯基函数的中心向量 c_i 与宽度 σ_i 也采用梯度下降法进行修正，可推导出如下的迭代修正公式

$$c_i(k+1) = c_i(k) - \frac{2\eta_c}{N} \sum_{j=1}^{N} \frac{W_{ij}(y_j - t_j) \parallel x - c_i(k) \parallel}{\sigma_i^2} \exp(-\frac{\parallel x - c_i(k) \parallel^2}{2\sigma_i^2}) \tag{5-32}$$

$$\sigma_i(k+1) = \sigma_i(k) - \frac{2\eta_\sigma}{N} \sum_{j=1}^{N} \frac{W_{ij}(y_j - t_j) \parallel x - c_i \parallel^2}{\sigma_i^3(k)} \exp(-\frac{\parallel x - c_i \parallel^2}{2\sigma_i^2(k)}) \tag{5-33}$$

式中，η_c 和 η_σ 分别用于控制中心向量 c_i 与宽度 σ_i 修正算法的收敛速度。

基于提取的三维 MFL 检测信号主要特征值和建立的缺陷三维轮廓条状模型，使用 RBF 人工神经网络进行 MFL 检测信号的正向预测。其中，将缺陷三维轮廓条状模型中的参数作为 RBF 人工神经网络的输入，即

$$M_S = \{(L_1, d_1), \cdots, (L_i, d_i), \cdots, (L_N, d_N)\} \tag{5-34}$$

式中，L_i 和 d_i 分别表示缺陷三维轮廓条状模型中第 i 个等份的长度值与深度值。

正向预测 RBF 人工神经网络的输出，则为提取的 6 个能有效反映缺陷轮廓参数的缺陷三维 MFL 检测信号主要特征值。

图 5-63 所示为正向预测 RBF 人工神经网络迭代训练过程。对于任意缺陷，依据缺陷三维轮廓条状模型，可得到该缺陷对应的条状模型参数表示 M_S。将 M_S 代入 RBF 人工神经网络，得到预测的 MFL 检测信号 6 个主要特征值组成的向量 P_P。进而计算预测结果 P_P 与实际缺陷三维 MFL 检测信号主要特征值向量 P_R 之间的均方误差 E，即

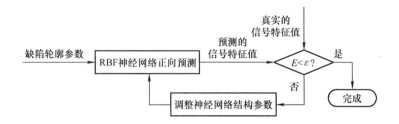

图 5-63 正向预测 RBF 人工神经网络迭代训练过程

$$E = \frac{1}{6}\sum_{j=1}^{6} (e_j)^2 = \frac{1}{6}\sum_{j=1}^{6} (P_{Pj} - P_{Rj})^2 \tag{5-35}$$

式中，P_{Pj} 和 P_{Rj} 分别为网络预测及实际的第 j 个 MFL 检测信号主要特征值。

将上述误差公式代入梯度下降算法，进而推导出如下的网络连接权值 W_{ij}、基函数中心向量 $\boldsymbol{c}_i$ 及宽度 σ_i 的迭代修正公式为

$$W_{ij}(k+1) = W_{ij}(k) - \frac{\eta_W(P_{Pj} - P_{Rj})}{3}\exp\left(-\frac{\|\boldsymbol{x}-\boldsymbol{c}_i\|^2}{2\sigma_i^2}\right) + \mu\Delta W_{ij}(k) \tag{5-36}$$

$$\boldsymbol{c}_i(k+1) = \boldsymbol{c}_i(k) - \frac{\eta_c}{3}\sum_{j=1}^{6} \frac{W_{ij}(P_{Pj} - P_{Rj})\|\boldsymbol{x}-\boldsymbol{c}_i(k)\|}{\sigma_i^2}\exp\left(-\frac{\|\boldsymbol{x}-\boldsymbol{c}_i(k)\|^2}{2\sigma_i^2}\right)$$
$$\tag{5-37}$$

$$\sigma_i(k+1) = \sigma_i(k) - \frac{\eta_\sigma}{3}\sum_{j=1}^{6} \frac{W_{ij}(P_{Pj} - P_{Rj})\|\boldsymbol{x}-\boldsymbol{c}_i\|^2}{\sigma_i^3(k)}\exp\left(-\frac{\|\boldsymbol{x}-\boldsymbol{c}_i\|^2}{2\sigma_i^2(k)}\right) \tag{5-38}$$

式中，η_W、η_c 和 η_σ 分别用于控制网络连接权值 W_{ij}、基函数中心向量 $\boldsymbol{c}_i$ 及宽度 σ_i 修正算法的收敛速度。

为了训练 RBF 人工神经网络，建立了基于样本缺陷的三维 MFL 检测信号数据库。其中，用于建立数据库的样本缺陷，包括矩形缺陷、弧面缺陷和圆柱缺陷三类。然而，这三类样本缺陷的实际轮廓并不完全符合之前所提出的三维轮廓条状模型。因此，将分别建立与其实际轮廓相对应的等价条状模型。

（1）矩形缺陷的等价模型　在确定了划分尺寸 Δw 的情况下，只需将矩形缺陷沿管道周向进行划分，即可快速建立其等价的缺陷三维轮廓条状模型。

若按划分尺寸 Δw 可正好将缺陷划分为 N 等份，则每等份的底部均为等高平面，且其开口均为长度和宽度分别为 L 和 Δw 的长方形，因此无需进行额外的等价处理和计算。直接组合各个等份，即可得到矩形缺陷的等价三维轮廓条状模型 M_{SR}。在划分尺寸为 Δw 的情况下，基于该等价条状模型，可将 $L \times W \times H$ 的矩形缺陷表示为

$$M_{SR} = \{(L_1, H_1), \cdots, (L_i, H_i), \cdots, (L_k, H_k)\} \tag{5-39}$$

式中，每个等份的长度均为 $L_i = L$，其深度均为 $H_i = H$。

若按划分尺寸 Δw 并未正好将缺陷划分为 N 等份，则缺陷内部的等份无需进行额外的处理，但是缺陷边沿处的等份需要进行等价处理。在缺陷边沿处，划分得到的长方体的长度和

深度仍分别为 L 和 H，设其宽度为 W_X。将该长方体用长度和宽度分别为 L 和 Δw 的等价长方体代替，其等价深度为

$$H_X = HW_X/\Delta w \tag{5-40}$$

最终得到的矩形缺陷等价三维轮廓条状模型 M_{SR} 如图 5-64 所示。

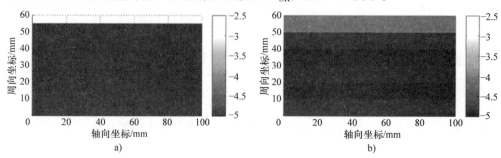

图 5-64　矩形缺陷等价三维轮廓条状模型示意图
a）真实缺陷　b）等价模型

（2）圆柱缺陷的等价模型　在确定了划分尺寸 Δw 的情况下，将圆柱缺陷沿管道周向进行划分，然后按照下述步骤建立等价的缺陷三维轮廓条状模型。

无论按划分尺寸 Δw 能否正好将缺陷划分为 N 等份，所有的划分等份均需要进行等价处理。令圆柱缺陷的深度为 H，设任意划分的面积为 S_X，将该划分用宽度和深度分别为 Δw 和 H 的等价长方体代替，可得到长方体的长度为

$$L_X = S_X/\Delta w \tag{5-41}$$

组合各个等份，即可得到如图 5-65 所示的圆柱缺陷等价三维轮廓条状模型 M_{SC}。在划分尺寸为 Δw 的情况下，基于该等价条状模型，可将 $D \times H$ 的圆柱缺陷表示为

$$M_{SC} = \{(L_1,H_1),\cdots,(L_i,H_i),\cdots,(L_k,H_k)\} \tag{5-42}$$

式中，每个等份的深度均为 $H_i = H$；长度 L_i 按式（5-41）进行计算。

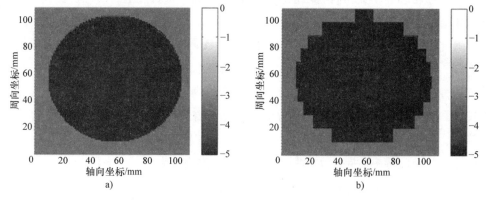

图 5-65　圆柱缺陷等价三维轮廓条状模型示意图
a）真实缺陷　b）等价模型

（3）弧面缺陷的等价模型　在确定了划分尺寸 Δw 的情况下，将弧面缺陷沿管道周向进

行划分，然后按照下述步骤建立其等价的缺陷三维轮廓条状模型。

无论按划分尺寸 Δw 能否正好将缺陷划分为 N 等份，所有的划分等份均需要进行等价处理。设任意划分的面积和体积分别为 S_X 和 V_X，将该划分用宽度为 Δw 的等价长方体代替，可得到长方体的长度 L_X 和深度 H_X 分别为

$$L_X = S_X / \Delta w \tag{5-43}$$

$$H_X = V_X / S_X \tag{5-44}$$

组合各个等份，即可得到如图 5-66 所示的弧面缺陷等价三维轮廓条状模型 M_{SA}。在划分尺寸为 Δw 的情况下，基于该等价条状模型，可将 $D \times H$ 的弧面缺陷表示为

$$M_{SA} = \{ (L_1, H_1), \cdots, (L_i, H_i), \cdots, (L_k, H_k) \} \tag{5-45}$$

式中，每个等份的长度 L_i 和深度 H_i 分别按式（5-43）和式（5-44）进行计算。

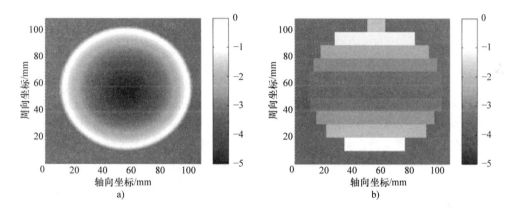

图 5-66　弧面缺陷等价三维轮廓条状模型示意图

a）真实缺陷　b）等价模型

为了训练正向预测 RBF 人工神经网络，建立基于口径为 457mm、壁厚为 14.3mm 管道的样本缺陷数据库。表 5-13 列出了全部缺陷样本的详细尺寸参数。其中，样本数据库中的缺陷类型包括矩形缺陷、弧面缺陷和圆柱缺陷三类，对应的缺陷个数分别为 260、55 和 55。

表 5-13　人工神经网络训练样本缺陷的尺寸参数

参数	矩形缺陷			弧面缺陷		圆柱缺陷	
	长度	宽度	深度	直径	深度	直径	深度
最小值/mm	14.3	7.2	1.4	14.3	1.4	14.3	1.4
最大值/mm	100.1	28.6	7.2	28.6	7.2	28.6	7.2
间隔/mm	7.2	7.2	1.4	1.4	1.4	1.4	1.4

在所建立的缺陷样本数据中，随机选择 70% 和 15% 的缺陷样本用于人工神经网络的训练与验证。缺陷样本库中剩余的 15% 缺陷样本，用于对训练得到的 RBF 人工神经网络进行测试分析。

采用梯度下降算法，对正向预测 RBF 人工神经网络进行训练，得到如图 5-67 所示的训

练过程误差收敛曲线。由该曲线可知，在正向预测 RBF 人工神经网络的训练过程中，基于梯度下降算法的迭代修正方法使得网络的预测输出以较快的速度逼近目标输出。经过 5000 次左右的训练，网络收敛到期望的误差值，达到了根据缺陷三维轮廓条状模型参数预测 MFL 检测信号主要特征值的精度要求。

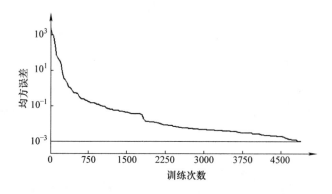

图 5-67　正向预测 RBF 人工神经网络训练过程的误差收敛曲线

　　在实际应用过程中，若训练后的 RBF 人工神经网络仍不能满足预测精度的要求，可通过修改神经元个数、改变网络训练算法、增加试验数据等方法对人工神经网络进行调整，进而重新训练直至达到预定的预测精度。在得到满足要求的 RBF 人工神经网络后，即可基于任意的缺陷三维轮廓条状模型参数，预测对应的三维 MFL 检测信号主要特征值。

　　基于训练得到的正向预测 RBF 人工神经网络，利用非样本库中的缺陷进行 MFL 检测信号正向预测试验，以验证所建立的 RBF 人工神经网络的预测精度、灵敏度和对实际不规则缺陷的适用性。

　　利用不在样本库中的矩形缺陷、弧面缺陷和圆柱缺陷进行正向预测试验，以验证正向预测 RBF 人工神经网络的预测精度。在建立每个试验缺陷的三维轮廓等价条状模型的基础上，通过正向预测 RBF 人工神经网络预测缺陷三维 MFL 检测信号的主要特征值，进而计算预测结果与实际 MFL 检测信号主要特征值之间的误差。

　　为了验证 RBF 人工神经网络对 MFL 检测信号主要特征值的预测精度，定义如下的主要特征值预测误差，即

$$E = \sqrt{\sum_{j=1}^{6} (P_{Pj} - P_{Rj})^2 \Big/ \sum_{j=1}^{6} (P_{Rj})^2} \tag{5-46}$$

式中，P_{Pj} 和 P_{Rj} 分别为网络预测及实际的 MFL 检测信号主要特征值。

　　统计试验缺陷三维 MFL 检测信号主要特征值的预测误差见表 5-14。由统计结果可知，基于所建立的正向预测 RBF 人工神经网络，试验缺陷三维 MFL 检测信号主要特征值的预测误差均不超过 10%。这表明所建立的 RBF 人工神经网络具有较高的预测精度。

表 5-14 缺陷三维 MFL 检测信号主要特征值的预测误差

缺陷形状	缺陷尺寸	预测误差（%）
矩形	30mm×15mm×5mm	8.7
矩形	40mm×20mm×10mm	8.4
弧面	25mm×5mm	9.6
弧面	30mm×10mm	9.1
圆柱	25mm×5mm	9.2
圆柱	30mm×10mm	8.9

为了验证正向预测 RBF 人工神经网络在缺陷轮廓参数改变时的灵敏度，在缺陷三维轮廓条状模型的参数中添加 1%、2% 及 5% 的随机噪声干扰，再进行缺陷 MFL 检测信号主要特征值的预测试验。统计不同噪声水平下缺陷三维 MFL 检测信号主要特征值的预测误差见表 5-15。

表 5-15 不同噪声水平下缺陷三维 MFL 检测信号主要特征值的预测误差

缺陷形状	缺陷尺寸	1% 噪声（%）	2% 噪声（%）	5% 噪声（%）
矩形	30mm×15mm×5mm	10.4	16.7	23.5
矩形	40mm×20mm×10mm	9.8	15.4	21.9
弧面	25mm×5mm	11.7	17.3	26.2
弧面	30mm×10mm	11.1	16.5	22.7
圆柱	25mm×5mm	11.3	16.9	23.4
圆柱	30mm×10mm	10.6	17.1	24.3

由上述误差统计结果可知，与无噪声情况下的预测结果相比，当在缺陷条状模型参数中添加噪声干扰后，三维 MFL 检测信号主要特征值的预测误差随噪声水平的提高而显著增大。这表明所建立的正向预测 RBF 人工神经网络对缺陷条状模型参数具有较高的灵敏度，在缺陷模型参数改变时可以对预测的 MFL 检测信号主要特征值做出迅速修正。

为了进一步验证所建立的正向预测 RBF 人工神经网络对于实际管道中不规则缺陷的适用性，对图 5-68 所示的不规则缺陷的 MFL 检测信号主要特征值进行预测，进而计算预测结果与实际的 MFL 检测信号主要特征值之间的误差。

经计算，RBF 人工神经网络预测结果与真实 MFL 检测信号特征值之间的误差为 14.1%。该误差虽然大于对规则缺陷的预测误差，但仍在可接受的范围内，证实了所建立的 RBF 人工神经网络作为正向模型对实际管道中不规则缺陷进行预测的可行性。因此，所建立的正向预测 RBF 人工神经网络，可用于对任意形状缺陷 MFL 检测信号主要特征值的预测。

4. 缺陷三维轮廓的 RBF 人工神经网络迭代反演

由于缺陷三维轮廓反演属于病态的 MFL 检测逆问题，加之训练使用缺陷样本的类型仅包括矩形、弧面与圆柱三种，人工神经网络直接反演方法存在反演精度低和泛化能力不足的问题，不能直接用于缺陷三维轮廓的反演。

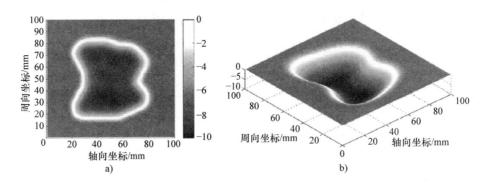

图 5-68　用于 MFL 检测信号主要特征值正向预测试验的不规则缺陷

a）平面显示　b）立体显示

考虑到迭代法具有较高的反演精度和较强的泛化适用能力，提出缺陷三维轮廓的人工神经网络迭代反演方法。所提出的反演方法的基本思路为：首先训练得到 MFL 检测信号正向预测人工神经网络，进而将其作为正向求解模型嵌入迭代循环，以迭代修正的方法对缺陷的三维轮廓进行反演。

如此，人工神经网络用于求解良态的 MFL 检测信号正向问题而非病态的 MFL 检测信号逆问题，因此可以获得较高的预测精度。而在反演速度方面，可快速进行预测的人工神经网络替代了迭代法中原有的有限元计算，可使迭代过程中求解 MFL 检测信号正向问题的速度大幅提高。此外，人工神经网络的输入输出数据之间的映射关系明确，可方便进行微分求解计算，因此可以应用梯度下降法等确定性算法，对缺陷轮廓参数进行快速的迭代修正，从而获得更快的缺陷三维轮廓反演速度。

图 5-69 所示为嵌入正向预测 RBF 人工神经网络的缺陷三维轮廓迭代反演方法的基本流程。其中，正向预测 RBF 人工神经网络用于由缺陷轮廓到 MFL 检测信号的正向预测，其输入数据为基于三维轮廓条状模型的缺陷参数，输出数据为能有效反映缺陷轮廓参数的三维MFL 检测信号主要特征值。

由图 5-69 可以得到由三维 MFL 检测信号进行缺陷三维轮廓人工神经网络迭代反演的基本步骤：

1）检测出缺陷开口轮廓 S，并提取缺陷三维 MFL 检测信号的主要特征值，组成相应的主要特征值向量 P_R。

2）设定划分宽度 W，基于开口轮廓检测结果 S 建立缺陷三维轮廓条状模型 M_S，其中各个划分的长度向量 L 为已知量，而深度向量 H 为待求量。

3）设定初始的缺陷深度向量 H。

4）基于 RBF 人工神经网络进行正向预测，得到预测的主要特征值向量 P_P。

5）计算 P_P 与 P_R 之间的误差 E，若 E 小于阈值 δ，则结束迭代反演，获得经过平滑处理的最终缺陷轮廓；否则，对缺陷深度向量 H 进行修正，并跳转至步骤4），继续进行迭代反演。

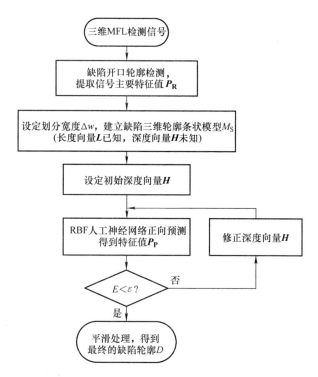

图 5-69　缺陷三维轮廓 RBF 人工神经网络迭代反演方法的基本流程

在基于样本缺陷进行训练后，建立的正向预测 RBF 人工神经网络中的连接权值 W_{ij}、高斯基函数的中心向量 c_i 及宽度 σ_i 均为已知值。因此，由正向预测 RBF 人工神经网络输入输出数据之间的映射关系，得到确定的关系表达式为

$$y_j = f_j(\boldsymbol{X}) = \sum_{i=1}^{H} W_{ij}\exp\left(-\frac{\parallel \boldsymbol{x} - \boldsymbol{c}_i \parallel^2}{2\sigma_i^2}\right) \tag{5-47}$$

式中，$\boldsymbol{X}$ 为输入的基于三维轮廓条状模型的缺陷参数向量；y_j 为输出向量 $\boldsymbol{Y}$ 的第 j 个分量，表示 MFL 检测信号的第 j 个主要特征值。

为了对缺陷参数向量进行迭代修正，将 MFL 检测信号主要特征值向量的预测结果 $\boldsymbol{P}_P$ 与实际值 $\boldsymbol{P}_R$ 之间的误差 E 定义为

$$E = \frac{1}{6}\sum_{j=1}^{6}(e_j)^2 = \frac{1}{6}\sum_{j=1}^{6}(P_{Pj} - P_{Rj})^2 \tag{5-48}$$

式中，P_{Pj} 和 P_{Rj} 分别为预测 MFL 检测信号与实际 MFL 检测信号的第 j 个主要特征值。

由式（5-47）和式（5-48）求出误差 E 对任意缺陷参数 x_i 的一阶导数

$$\frac{\partial E}{\partial x_i} = \frac{1}{3}\sum_{j=1}^{6}\left[(P_{Pj} - P_{Rj})\sum_{i=1}^{H}\frac{W_{ij}(c_i - x_i)}{\sigma_i^2}\exp\left(-\frac{\parallel \boldsymbol{x} - \boldsymbol{c}_i \parallel^2}{2\sigma_i^2}\right)\right] \tag{5-49}$$

在缺陷三维轮廓的迭代反演过程中，基于重力下降算法，利用上述一阶导数对缺陷参数 $\boldsymbol{X}$ 进行迭代修正，可推导出如下的修正公式，即

$$x_i(k+1) = x_i(k) + \eta\left(-\frac{\partial E}{\partial x_i(k)}\right)$$

$$= x_i(k) - \frac{\eta}{3}\sum_{j=1}^{6}\left\{(P_{Pj} - P_{Rj})\sum_{i=1}^{H}\frac{W_{ij}[c_i - x_i(k)]}{\sigma_i^2}\exp\left(-\frac{\|\boldsymbol{x}(k) - \boldsymbol{c}_i\|^2}{2\sigma_i^2}\right)\right\}$$

$$\tag{5-50}$$

若单纯使用重力下降算法,迭代反演过程可能陷入局部最优点,从而不能收敛到全局最优的缺陷参数向量。为此,定义虚拟的温度变量 T,引入模拟退火条件以扩大算法的搜索空间。在每次迭代过程中,当缺陷参数向量由 $\boldsymbol{X}^k$ 向 $\boldsymbol{X}^{k+1}$ 进行更新时,新的缺陷参数 $\boldsymbol{X}^{k+1}$ 仅在下式成立时才被接受,即

$$\exp\left(\frac{E^k - E^{k+1}}{T}\right) \geqslant \mathrm{rand}(0,1) \tag{5-51}$$

式中,E^k 和 E^{k+1} 分别为对应于缺陷参数 $\boldsymbol{X}^k$ 和 $\boldsymbol{X}^{k+1}$ 的预测结果误差。

由式(5-51)可知,当 $E^k > E^{k+1}$ 时,新的缺陷轮廓参数比现有参数更优,$\boldsymbol{X}^k$ 一定更新为 $\boldsymbol{X}^{k+1}$;而当 $E^k < E^{k+1}$ 时,新的缺陷轮廓参数相比于现有参数并未改进,$\boldsymbol{X}^k$ 以一定的概率更新为 $\boldsymbol{X}^{k+1}$。如此,迭代反演过程可以摆脱局部最优解,从而继续搜索全局最优的缺陷轮廓参数。

为加快迭代反演过程的全局收敛速度,每当迭代过程进行一定次数时,可视为已在当前的温度参数 T 下处于平衡状态,按下式对温度参数 T 进行修正

$$T_{k+1} = \alpha T_k, \; 0 < \alpha < 1 \tag{5-52}$$

式中,α 的取值通常为 $0.8 \sim 0.95$。

人工神经网络迭代反演方法的终止判据有以下三种:误差 E 小于一定的阈值 δ_E;温度参数 T 小于一定的阈值 δ_T;连续 k 次搜索,得到的缺陷轮廓对应的误差未发生改变。当以上任一判别条件成立时,迭代反演过程终止。此时,由缺陷参数得到基于条状模型的缺陷轮廓,进而对其进行适当的平滑处理,以得到较为平滑的边沿。

通过缺陷三维轮廓反演试验,对 RBF 人工神经网络迭代反演方法的精度、抗干扰能力及对未知形状缺陷的泛化能力进行研究。

基于 RBF 人工神经网络迭代反演方法,分别反演 30mm × 20mm × 5mm 矩形缺陷、30mm × 5mm 弧面缺陷和 30mm × 5mm 圆柱缺陷的三维轮廓,结果如图 5-70 ~ 图 5-72 所示。由图可知,由于在条状模型的最外边沿处进行了等价处理,试验缺陷反演结果的开口形状存在稍大的误差。但是在极值点的位置与深度等方面,反演轮廓与真实轮廓仍具有较好的一致性。

表 5-16 所列为试验缺陷三维轮廓反演误差的统计结果。由表可知,试验所用矩形、弧面及圆柱缺陷三维轮廓反演结果的均方根误差分别为 15.7%、12.4% 和 13.2%。相比于随机搜索迭代反演方法,人工神经网络迭代反演方法的反演误差稍大,但其反演过程所消耗的时间几乎可以不计,具有前者所不具备的快速性。

表 5-16　缺陷三维轮廓的反演误差

缺陷形状	尺寸	$E_m(\%)$	$E_p(\%)$	$E_n(\%)$
矩形	30mm × 20mm × 5mm	15.7	6.4	6.2
弧面	30mm × 5mm	12.4	5.5	5.6
圆柱	30mm × 5mm	13.2	6.1	6.5

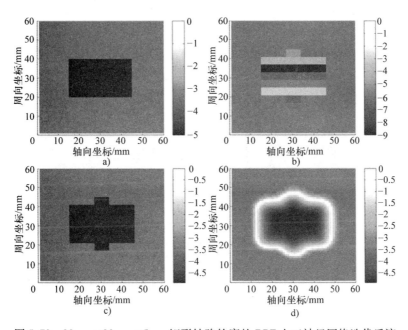

图 5-70　30mm × 20mm × 5mm 矩形缺陷轮廓的 RBF 人工神经网络迭代反演

a）真实轮廓　b）由开口轮廓识别结果建立的条状模型　c）条状模型的反演结果　d）最终的缺陷轮廓

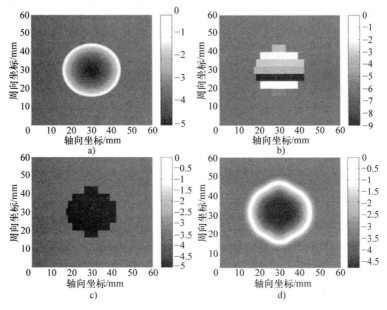

图 5-71　30mm × 5mm 弧面缺陷轮廓的 RBF 人工神经网络迭代反演

a）真实轮廓　b）由开口轮廓识别结果建立的条状模型　c）条状模型的反演结果　d）最终的缺陷轮廓

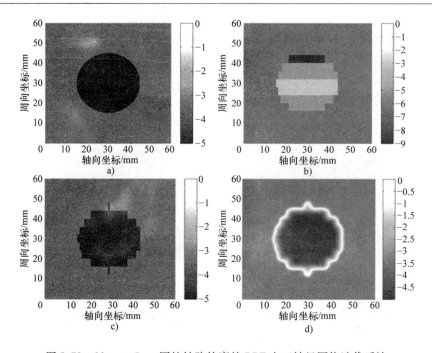

图 5-72　30mm×5mm 圆柱缺陷轮廓的 RBF 人工神经网络迭代反演

a）真实轮廓　b）由开口轮廓识别结果建立的条状模型　c）条状模型的反演结果　d）最终的缺陷轮廓

在试验缺陷的三维 MFL 检测信号中添加 1%、2% 和 5% 的随机噪声，进而用 RBF 人工神经网络迭代反演方法重新进行缺陷三维轮廓反演试验，得到如图 5-73、图 5-74 和图 5-75 所示的反演结果。通过直接观察可知，随着噪声水平的提高，反演轮廓与真实轮廓间的差别也呈现逐渐增大的趋势。

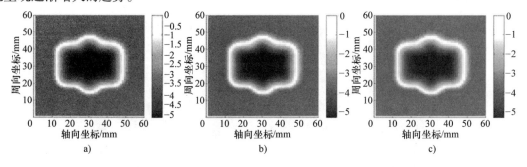

图 5-73　不同噪声下 30mm×20mm×5mm 矩形缺陷轮廓的 RBF 人工神经网络迭代反演结果

a）1% 噪声　b）2% 噪声　c）5% 噪声

表 5-17 统计了各个试验缺陷在不同噪声水平下的反演误差。与表 5-16 对比可知，当在三维 MFL 检测信号中添加噪声干扰后，基于 RBF 人工神经网络迭代反演方法的缺陷三维轮廓反演误差显著增大。以 30mm×20mm×5mm 矩形缺陷为例，在 1% 的噪声水平下，该缺陷反演结果的均方根误差为 16.4%；而在 5% 的噪声水平下，该缺陷反演结果的均方根误差达到了 28.5%。

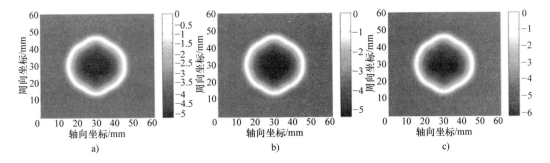

图 5-74　不同噪声下 30mm×5mm 弧面缺陷轮廓的 RBF 人工神经网络迭代反演结果

a) 1% 噪声　b) 2% 噪声　c) 5% 噪声

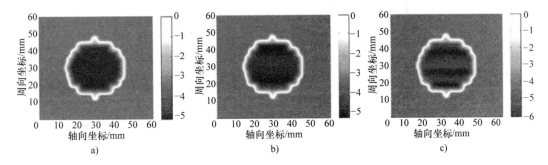

图 5-75　不同噪声下 30mm×5mm 圆柱缺陷轮廓的 RBF 人工神经网络迭代反演结果

a) 1% 噪声　b) 2% 噪声　c) 5% 噪声

表 5-17　不同噪声水平下的缺陷三维轮廓反演误差

缺陷	1% 噪声（%）			2% 噪声（%）			5% 噪声（%）		
	E_m	E_p	E_n	E_m	E_p	E_n	E_m	E_p	E_n
矩形 30mm×20mm×5mm	16.4	8.3	7.8	19.1	14.4	14.1	28.5	29.5	26.3
弧面 30mm×5mm	13.6	7.5	6.9	16.4	13.2	11.9	24.6	26.4	27.3
圆柱 30mm×5mm	14.8	7.2	8.1	18.0	12.5	13.8	26.1	27.2	26.4

　　相比于随机搜索迭代反演方法的反演结果，人工神经网络迭代反演方法的反演误差更大，其反演误差随噪声水平提高的增幅也更大。这表明人工神经网络迭代反演方法的反演结果受噪声的影响更大，该方法的抗干扰能力相对较弱。

　　实际油气管道中缺陷的形状，与用于人工神经网络训练的矩形、弧面、圆柱等样本缺陷的形状差别很大。为此，基于图 5-76 所示的不规则缺陷，研究人工神经网络迭代反演方法对于未知形状缺陷的泛化能力。

　　由图 5-76 所示反演结果可知，试验缺陷的开口轮廓识别结果与真实开口轮廓基本一致，其最终反演轮廓与真实缺陷轮廓也比较相似。经计算，该不规则缺陷三维轮廓反演结果的均方根误差为 21.4%。考虑人工神经网络迭代反演方法的快速性，该误差仍在可接受的范围内。然而，与随机搜索迭代反演方法相比，在相同的缺陷开口轮廓识别结果下，人工神经网络迭代反演方法的反演误差相对增大了 72.6%。这表明人工神经网络迭代反演方法对实际

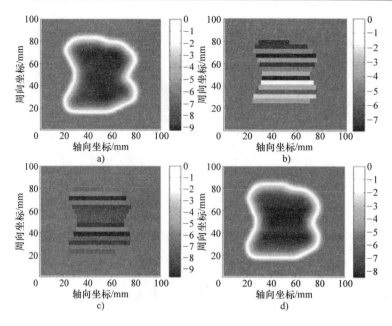

图 5-76　不规则缺陷的 RBF 人工神经网络迭代反演

a）真实轮廓　b）由开口轮廓识别结果建立的条状模型　c）条状模型的反演结果　d）最终的缺陷轮廓

管道中不规则缺陷的泛化能力相对要弱。

5.2　三维漏磁成像方法

5.2.1　三维漏磁信号特征量值

　　参照 GB/T 27699—2011《钢质管道内检测技术规范》中给出的分类标准，按照缺陷的长度及宽度特征，将金属损失型缺陷分为以下 6 种：针孔、水平凹槽、水平凹沟、切向凹槽、切向凹沟、坑状缺陷。以漏磁检测器扫查方向（同时是磁化方向）作为缺陷的长度方向，垂直该方向作为缺陷的宽度方向，以 t 作为被测件的厚度，则得到缺陷的分类标准如图 5-77 所示。

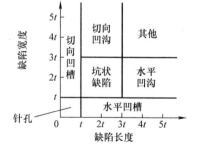

图 5-77　金属损失型缺陷分类标准

　　令 L 表示缺陷长度，W 表示缺陷宽度，则从图 5-77 中可以看出，针孔缺陷的定义为 $L<t$，$W<t$；坑状缺陷的定义为 $t<L<3t$，$t<W<3t$；水平凹槽缺陷的定义为 $L>t$，$W<t$；水平凹沟缺陷的定义为 $L>3t$，$t<W<3t$；切向凹槽缺陷的定义为 $L<t$，$W>t$；切向凹沟缺陷的定义为 $t<L<3t$，$W>3t$。

　　针孔缺陷与坑状缺陷在水平方向与切向方向的尺寸相近（相等），其缺陷三维漏磁信号的峰值区域、谷值区域均呈现相似的形状，本书将这两种缺陷归为一类，统称为凹坑缺陷；水平凹槽缺陷与水平凹沟缺陷的三维漏磁信号特征相近，因此将这两种缺陷归为一类，统称为水平沟槽缺陷；切向凹槽缺陷与切向凹沟缺陷三维漏磁信号特征也相近，因此将这两种缺陷归为一类，统称为切向沟槽缺陷。

为了获取更多的缺陷尺寸信息，提高缺陷的量化精度，分别对三种类型缺陷的三维漏磁信号进行分析，并分别定义能够反映缺陷三维漏磁信号特征的信号参数。

1. 凹坑缺陷的参数定义

图 5-78 所示为 24mm×24mm×2.4mm 凹坑缺陷三维漏磁信号的三维立体图。基于缺陷三维漏磁信号水平分量、切向分量、法向分量的不同特征，对凹坑缺陷三维漏磁信号的参数进行定义，信号三个分量的参数分别以 P_h、P_t、P_v 表示。

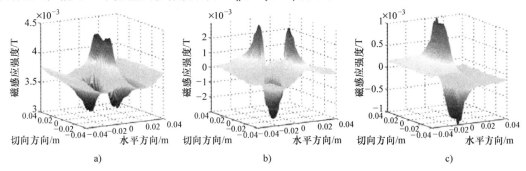

图 5-78　24mm×24mm×2.4mm 凹坑缺陷三维漏磁信号三维立体图
a) 水平分量　b) 切向分量　c) 法向分量

由图 5-78a 可知，凹坑缺陷漏磁信号的水平分量包括一个峰值区域和两个谷值区域，其峰值区域具有两个极大值与一个极小值；每个谷值区域包含一个极小值，即为该信号的谷值。该信号切向坐标为 0 的曲线（记作水平轴线）的峰值即为该信号峰值区域的极小值点，即缺陷的中心位置。同理，该信号水平方向坐标为 0 的曲线（记作切向轴线）的峰值即为该信号峰值区域的极大值点，也是该信号的峰值，该峰值位置可以在一定程度上反映凹坑缺陷切向方向的延伸，即反映凹坑缺陷的直径信息。此外，由于对磁化是沿水平方向的，漏磁信号的水平分量会在缺陷处发生突变，该突变点的位置可以很好地表征缺陷在水平方向的延伸，因此，需要提取水平轴线一阶微分信号的峰值坐标。

根据以上分析，针对凹坑缺陷漏磁信号的水平分量，共定义 15 个信号参数，见表 5-18。

由图 5-78b 可知，凹坑缺陷漏磁信号的切向分量包括两个峰值区域和两个谷值区域。其中，每个峰值区域包含一个极大值，每个谷值区域包含一个极小值，均反映了缺陷深度的信息，该峰值位置可以在一定程度上反映缺陷的轮廓位置。除此之外，由于漏磁信号会在缺陷边界处发生突变，突变点的位置可以表征缺陷轮廓的直径，因此，提取了梯度最大点的坐标。针对凹坑缺陷漏磁信号的切向分量，共定义 9 个信号参数，见表 5-19。

表 5-18 凹坑缺陷漏磁信号水平分量参数定义

参数	定义	单位	参数	定义	单位
P_{h1}	信号峰值	T	P_{h9}	信号梯度峰值水平坐标	mm
P_{h2}	信号峰值切向坐标	mm	P_{h10}	信号梯度峰值切向坐标	mm
P_{h3}	信号谷值	T	P_{h11}	信号强度积分	$T \times mm^2$
P_{h4}	信号谷值水平坐标	mm	P_{h12}	信号强度平方的积分	$T^2 \times mm^2$
P_{h5}	信号峰谷值	T	P_{h13}	水平轴线峰值	T
P_{h6}	信号峰值区域内点数	个	P_{h14}	水平轴线微分信号峰值	T/m
P_{h7}	信号谷值区域内点数	个	P_{h15}	水平轴线一阶微分信号峰值水平坐标	mm
P_{h8}	信号梯度峰值	T/mm			

表 5-19 凹坑缺陷漏磁信号切向分量的参数定义

信号参数	定义	单位
P_{t1}	信号峰值	T
P_{t2}	信号峰值水平坐标	mm
P_{t3}	信号峰值切向坐标	mm
P_{t4}	信号峰值半径	mm
P_{t5}	信号梯度峰值	T/mm
P_{t6}	信号梯度峰值水平坐标	mm
P_{t7}	信号梯度峰值切向坐标	mm
P_{t8}	信号强度积分	$T \times mm^2$
P_{t9}	信号强度平方的积分	$T^2 \times mm^2$

由图 5-78c 可知，凹坑缺陷漏磁信号的法向分量包括一个峰值区域和一个谷值区域，反映了凹坑缺陷的深度信息。同时，信号的峰、谷值位置在一定程度上反映了凹坑缺陷的轮廓位置。此外，信号突变点的位置表征了凹坑缺陷的直径，且该突变点位于水平轴线上，因此，提取了水平轴线一阶微分信号的峰值坐标。针对凹坑缺陷漏磁信号的法向分量，共定义 8 个信号参数，见表 5-20。

表 5-20 凹坑缺陷漏磁信号法向分量的参数定义

信号参数	定义	单位
P_{v1}	信号峰值	T
P_{v2}	信号峰值水平坐标	mm
P_{v3}	信号峰值区域内点数	个
P_{v4}	信号谷值区域内点数	个
P_{v5}	信号强度积分	$T \times mm^2$
P_{v6}	信号强度平方的积分	$T^2 \times mm^2$
P_{v7}	水平轴线一阶微分信号峰值	T/m
P_{v8}	水平轴线一阶微分信号峰值水平坐标	mm

2. 水平沟槽缺陷的参数定义

图 5-79 所示为 48mm×24mm×1.2mm 水平沟槽缺陷三维漏磁信号的三维立体图。针对缺陷三维漏磁信号水平分量、切向分量、法向分量的不同特征，仿照对凹坑缺陷的分析方法，这里对水平沟槽缺陷三维漏磁信号的参数进行定义，信号三个分量的参数分别以 H_h、H_t、H_v 表示。

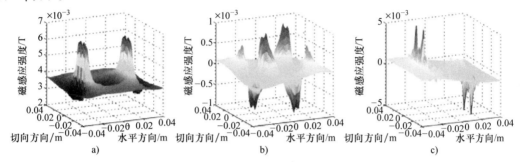

图 5-79　48mm×24mm×1.2mm 水平沟槽缺陷三维漏磁信号三维立体图

a) 水平分量　b) 切向分量　c) 法向分量

由图 5-79a 可知，与凹坑缺陷相比，水平沟槽缺陷三维漏磁信号水平分量的不同点在于，该信号具有两个峰值区域，且两个峰值区域之间的跨度可表征缺陷在水平方向的延伸。此外，该信号水平方向坐标为 0 的曲线（记作切向轴线）在缺陷切向边沿处发生突变，与缺陷宽度关系密切。据此，在进行特征量值提取时，增加了信号峰值区域跨度、切向轴线一阶微分信号峰值水平坐标等信号参数。针对水平沟槽缺陷漏磁信号的水平分量，共定义 16 个信号参数，见表 5-21。

表 5-21　水平沟槽缺陷漏磁信号水平分量的参数定义

信号参数	定义	单位
H_{h1}	信号峰值	T
H_{h2}	信号峰值水平坐标	mm
H_{h3}	信号谷值	T
H_{h4}	信号谷值水平坐标	mm
H_{h5}	信号峰谷值	T
H_{h6}	信号中间极小值	T
H_{h7}	信号峰值区域跨度	mm
H_{h8}	信号谷值区域跨度	mm
H_{h9}	信号强度积分	$T×mm^2$
H_{h10}	信号强度平方的积分	$T^2×mm^2$
H_{h11}	水平轴线峰值	T
H_{h12}	水平轴线峰值水平坐标	mm
H_{h13}	水平轴线一阶微分信号峰值	T/m
H_{h14}	水平轴线一阶微分信号峰值水平坐标	mm
H_{h15}	切向轴线一阶微分信号峰值	T/m
H_{h16}	切向轴线一阶微分信号峰值水平坐标	mm

由图 5-79b 可知，不同于凹坑缺陷，水平沟槽缺陷三维漏磁信号的切向分量除了包含两个峰值外，还包含两个极大值。该极大值的水平坐标与切向坐标分别反映了缺陷的长度信息与宽度信息，因此，在选取水平沟槽缺陷三维漏磁信号切向分量的信号参数时，增加了与极大值相关的参数。此外，水平沟槽缺陷的长度与宽度差别较大，导致其三维漏磁信号切向分量的峰值半径不再反映缺陷几何参数信息，在进行信号参数定义时，不再选用此参数。针对水平沟槽缺陷漏磁信号的切向分量，共定义 12 个信号参数，见表 5-22。

表 5-22 水平沟槽缺陷漏磁信号切向分量的参数定义

信号参数	定义	单位
H_{t1}	信号峰值	T
H_{t2}	信号峰值水平坐标	mm
H_{t3}	信号峰值切向坐标	mm
H_{t4}	信号极大值	T
H_{t5}	信号极大值水平坐标	mm
H_{t6}	信号极大值切向坐标	mm
H_{t7}	信号极大值半径	mm
H_{t8}	信号梯度峰值	T/mm
H_{t9}	信号梯度峰值水平坐标	mm
H_{t10}	信号梯度峰值切向坐标	mm
H_{t11}	信号强度积分	$T \times mm^2$
H_{t12}	信号强度平方的积分	$T^2 \times mm^2$

由图 5-79c 可知，相较于凹坑缺陷，水平沟槽缺陷三维漏磁信号的法向分量不再包含峰值区域，而是具有两个明显的峰值点。在进行信号参数定义时，不再选用信号峰值区域内点数，而是根据信号特征，提取信号峰值的水平坐标与切向坐标作为信号参数。针对水平沟槽缺陷漏磁信号的法向分量，共定义 7 个信号参数，见表 5-23。

表 5-23 水平沟槽缺陷漏磁信号法向分量的参数定义

信号参数	定义	单位
H_{v1}	信号峰值	T
H_{v2}	信号峰值水平坐标	mm
H_{v3}	信号峰值切向坐标	mm
H_{v4}	信号强度积分	$T \times mm^2$
H_{v5}	信号强度平方的积分	$T^2 \times mm^2$
H_{v6}	水平轴线一阶微分信号峰值	T/m
H_{v7}	水平轴线一阶微分信号峰值水平坐标	mm

3. 切向沟槽缺陷的参数定义

图 5-80 所示为 24mm × 48mm × 1.2mm 切向沟槽缺陷三维漏磁信号的三维立体图。针对缺陷三维漏磁信号水平分量、切向分量、法向分量的不同特征，按照之前给出的对凹坑缺陷与水平沟槽缺陷的分析方法，这里对切向沟槽缺陷三维漏磁信号的参数进行定义，信号三个

分量的参数分别以 T_h、T_t、T_v 表示，选取结果分别在表 5-24、表 5-25 和表 5-26 中给出。

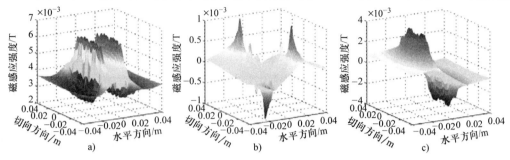

图 5-80　24mm×48mm×1.2mm 切向沟槽缺陷三维漏磁信号三维立体图

a）水平分量　b）切向分量　c）法向分量

表 5-24　切向沟槽缺陷漏磁信号水平分量的参数定义

信号参数	定义	单位
T_{h1}	信号峰值	T
T_{h2}	信号峰值水平坐标	mm
T_{h3}	信号谷值	T
T_{h4}	信号谷值水平坐标	mm
T_{h5}	信号峰谷值	T
T_{h6}	信号中间极小值	T
T_{h7}	信号峰值区域跨度	mm
T_{h8}	信号谷值区域跨度	mm
T_{h9}	信号峰值区域间距	mm
T_{h10}	信号强度积分	$T \times mm^2$
T_{h11}	信号强度平方的积分	$T^2 \times mm^2$
T_{h12}	水平轴线一阶微分信号峰值	T/m
T_{h13}	水平轴线一阶微分信号峰值水平坐标	mm

表 5-25　切向沟槽缺陷漏磁信号切向分量的参数定义

信号参数	定义	单位
T_{t1}	信号峰值	T
T_{t2}	信号峰值水平坐标	mm
T_{t3}	信号峰值切向坐标	mm
T_{t4}	信号峰值半径	mm
T_{t5}	信号极大值	T
T_{t6}	信号梯度峰值	T/mm
T_{t7}	信号梯度峰值水平坐标	mm
T_{t8}	信号梯度峰值切向坐标	mm
T_{t9}	信号强度积分	$T \times mm^2$
T_{t10}	信号强度平方的积分	$T^2 \times mm^2$

表 5-26　切向沟槽缺陷漏磁信号法向分量的参数定义

信号参数	定义	单位
T_{v1}	信号峰值	T
T_{v2}	信号峰值水平坐标	mm
T_{v3}	信号峰值区域跨度	mm
T_{v4}	信号峰值区域与谷值区域间距	mm
T_{v5}	信号强度积分	$T \times mm^2$
T_{v6}	信号强度平方的积分	$T^2 \times mm^2$
T_{v7}	水平轴线峰值	T
T_{v8}	水平轴线峰值水平坐标	mm
T_{v9}	水平轴线一阶微分信号峰值	T/m
T_{v10}	水平轴线一阶微分信号峰值水平坐标	mm

5.2.2　完整信号下的缺陷分类量化方法

以人工神经网络对缺陷进行量化通常采用统一的网络进行缺陷参数预测，并未考虑不同形状缺陷的漏磁检测信号之间的差异，结果导致缺陷的量化误差较大。为了提高缺陷的量化精度，首先基于三维漏磁信号对缺陷进行分类，再针对不同类型的缺陷，分别训练相应的人工神经网络以用于相应类别缺陷的量化。

首先，针对凹坑、水平沟槽、切向沟槽这三种类型的缺陷，建立用于缺陷分类的 RBF 人工神经网络。由于不同种类缺陷三维漏磁信号之间的差异较大，通过提取特征量值的方法，难以得到合适的缺陷分类人工神经网络的输入信号。为此，提出缺陷漏磁信号水平分量的网格平均处理方法，用于获取 RBF 分类网络的输入信号。并通过缺陷分类试验，验证所建立的 RBF 分类网络的分类准确度。

其次，针对凹坑、水平沟槽、切向沟槽三类缺陷，分别构建用于缺陷几何尺寸量化的 BP（back propagation）人工神经网络。为了控制所构建 BP 人工神经网络的复杂度，以节约对所构建 BP 人工神经网络的训练时间，在网络训练过程中引入 Bayesian 算法，在修正各层间连接权值的同时自动修正网络的超参数。

最后，通过缺陷量化试验，对所提出的量化人工神经网络的训练时间、缺陷量化精度及抗干扰能力等性能进行验证。

1. 基于 RBF 人工神经网络的缺陷分类方法

在人工神经网络模型中，单个神经元只能实现从输入信号到输出信号的线性变换。在基于人工神经网络对缺陷进行分类时，为了实现输入数据与输出数据之间的非线性映射，采用了 RBF 人工神经网络。RBF 人工神经网络以径向基函数作为传递函数，完成输入数据从非线性空间到线性空间的映射，再根据权值进行线性变换，得到最终的输出数据。在隐含层神经元足够多的前提下，这种将数据从非线性空间转换到线性空间的变换，可实现对漏磁检测缺陷的分类。

在 RBF 人工神经网络的结构中，输入层与隐含层之间不存在权值连接，仅通过径向基函数进行信息传递，而隐含层与输出层之间依靠权值进行信息传递。设 $I = (I_1, \cdots, I_m)$ 为该人工神经网络的输入向量，O 为输出信号，$\varphi = (\varphi_1, \cdots, \varphi_m)$ 为连接输入层与隐含层的径向基函数，$c = (c_1, \cdots, c_m)$ 为径向基函数的中心，$w = (w_1, \cdots, w_m)$ 为连接该人工神经网络隐含层与输出层的权值，n 为隐含层所包含的神经元个数，θ 为常数，则可计算得到 RBF 人工神经网络的输出函数为

$$\hat{O} = \sum_{i=1}^{n} w_i \varphi_i(\|I - c_i\|) + \theta \tag{5-53}$$

选择式（5-28）所示的高斯函数作为径向基函数，即

$$\varphi(\|I - c\|) = \exp\left(-\frac{\|I - c\|^2}{2\sigma^2}\right) \tag{5-54}$$

其中，σ 为高斯函数的标准差。所选的高斯函数具有如下特点：在节点中心处的函数值很大，在远离中心处的函数值迅速下降。

在对 RBF 人工神经网络进行训练时，通过调整权值 w、径向基函数的中心 c 和标准差 σ 来减小该人工神经网络实际输出值与目标输出值之间的差距。以均方误差作为人工神经网络训练过程中的目标函数，即

$$E = \sum_{j=1}^{N} \frac{1}{N}(\hat{O}_j - O_j)^2 = \sum_{j=1}^{N} \frac{1}{N}\left[\sum_{i=1}^{n} w_{i,j}\varphi_i(\|I - c_i\|) + \theta - O_j\right]^2 \tag{5-55}$$

在 RBF 人工神经网络的训练过程中，基于最速下降算法对权值、径向基函数的中心与标准差进行修正。由此得到人工神经网络训练过程中第 L 个输出信号所对应的网络参数的改变量为

$$\Delta w_{i,L} = -\eta_w \frac{\partial E}{\partial w_{i,L}} = -\frac{2\eta_w}{N}\left[\sum_{i=1}^{n} w_{i,L}\varphi_i(\|I - c_i\|) + \theta - O_L\right]\varphi_i(\|I - c_i\|)$$

$$\tag{5-56}$$

$$\Delta c_i = -\eta_c \frac{\partial E}{\partial c_i}$$

$$= -\frac{2\eta_c}{N\sigma^2}\sum_{j=1}^{N}\left\{w_{i,j}\left[\sum_{i=1}^{n} w_{i,j}\varphi_i(\|I - c_i\|) + \theta - O_L\right]\varphi_i(\|I - c_i\|)\|I - c_i\|\right\}$$

$$\tag{5-57}$$

$$\Delta \sigma_i = -\eta_\sigma \frac{\partial E}{\partial \sigma_i}$$

$$= -\frac{2\eta_\sigma}{N\sigma_i^3}\sum_{j=1}^{N}\left\{w_{i,j}\left[\sum_{i=1}^{n} w_{i,j}\varphi_i(\|I - c_i\|) + \theta - O_L\right]\varphi_i(\|I - c_i\|)\|I - c_i\|^2\right\}$$

$$\tag{5-58}$$

其中，η_w、η_c、η_σ 为该人工神经网络中各个参数的学习速率，用于自适应地调整网络参数、修正算法的步长。学习速率过小，会导致网络的收敛速度较慢，且网络的训练时间过长；学

习速率过大，网络训练过程中可能产生震荡，导致网络的稳定性较差。

根据前述缺陷分类标准，所训练的 RBF 人工神经网络的分类对象包含凹坑缺陷、水平沟槽缺陷、切向沟槽缺陷三种。图 5-81 给出了这三类缺陷的三维漏磁信号水平分量的示例。在 5.2.1 节中已指出，三类缺陷水平方向漏磁信号的特征具有明显的差异，因此，在对这三类缺陷进行分类时，可以只采用其水平方向漏磁信号的特征作为人工神经网络的输入信号。

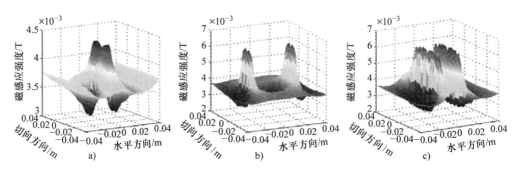

图 5-81　三类缺陷三维漏磁信号水平分量

a）凹坑缺陷　b）水平沟槽缺陷　c）切向沟槽缺陷

由图 5-81 可以看出，凹坑、水平沟槽、切向沟槽三种类型缺陷的水平方向漏磁信号之间存在较大的差异。在选择 RBF 人工神经网络的输入信号时，通过提取特征量值的方法，难以获得统一的、能够准确反映缺陷种类的特征量值。因此，针对水平方向的漏磁信号，提出了一种网格平均处理方法，用于提取 RBF 分类网络的输入信号。

按照所提出的网格平均处理方法，需要对待处理的信号进行网格划分，并计算各网格内的信号平均值作为该网格的值。图 5-82 给出了凹坑、水平沟槽、切向沟槽三类缺陷的水平方向漏磁信号在进行网格平均处理后的结果。

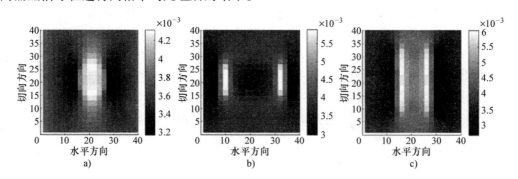

图 5-82　水平方向漏磁信号的网格平均处理结果

a）凹坑缺陷　b）水平沟槽缺陷　c）切向沟槽缺陷

采用所提出的网格处理方法对缺陷的水平方向漏磁信号进行处理，可在保留信号主要特征的前提下，降低信号中的数据量。由图 5-82 可以看出，三种类型缺陷网格峰值集中区域之间的差异较大。因此，按照网格值的大小，提取网格值最大的 20 个网格位置，作为 RBF 人工神经网络的输入信号。

建立包含 90 个凹坑缺陷、150 个水平沟槽缺陷、150 个切向沟槽缺陷的缺陷样本库，分别选取 70 个凹坑缺陷、70 个水平沟槽缺陷和 70 个切向沟槽缺陷作为人工神经网络的训练样本。另外，分别选取 20 个凹坑缺陷、20 个水平沟槽缺陷和 20 个切向沟槽缺陷作为测试样本，用于对人工神经网络的分类准确度进行测试。

以提取的网格位置作为 RBF 人工神经网络的输入信号，以 [1, 0, 0]、[0, 1, 0]、[0, 0, 1] 代表凹坑缺陷、水平沟槽缺陷、切向沟槽缺陷，并将其作为所构建 RBF 人工神经网络的输出信号。将 RBF 人工神经网络训练的目标误差设置为 0.001，当训练结果满足预先设定好的目标误差时，即完成对 RBF 人工神经网络的训练。

图 5-83 给出了 RBF 人工神经网络的训练过程曲线。由图可知，经过 4556 次训练，所构建的 RBF 人工神经网络达到了预先设定的精度要求。

以 60 个缺陷测试样本对所训练的分类网络进行验证，表 5-27 给出了其中 6 个测试样本的缺陷分类结果（包含测试样本中 3 个分类错误的样本）。

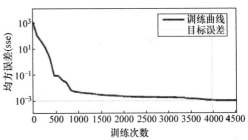

图 5-83　RBF 人工神经网络训练过程曲线

表 5-27　6 个测试样本的缺陷分类结果

缺陷编号	实际缺陷种类	理想输出参数	实际输出参数	判断缺陷种类
1	凹坑缺陷	[1, 0, 0]	[0.8267, 0.1280, 0.0454]	凹坑缺陷
3	凹坑缺陷	[1, 0, 0]	[−0.1329, 1.0390, 0.0938]	水平沟槽缺陷
21	水平沟槽缺陷	[0, 1, 0]	[−0.0771, 0.9951, 0.0821]	水平沟槽缺陷
28	水平沟槽缺陷	[0, 1, 0]	[0.8012, 0.0526, 0.1462]	凹坑缺陷
41	切向沟槽缺陷	[0, 0, 1]	[0.1385, −0.0332, 0.8947]	切向沟槽缺陷
52	切向沟槽缺陷	[0, 0, 1]	[0.8650, 0.0276, 0.1074]	凹坑缺陷

以测试样本 1 的缺陷分类结果为例，RBF 人工神经网络的实际输出为 [0.8267, 0.1280, 0.0454]，对其进行四舍五入后，得到缺陷分类的近似结果 [1, 0, 0]，据此，该缺陷的分类为凹坑缺陷。对测试样本 28 进行同样的分类判断，该缺陷实际为水平沟槽缺陷，然而其缺陷分类的结果为凹坑缺陷，说明网络分类出现了错误。

图 5-84 所示为全部 60 个测试样本的缺陷分类结果。由图可知，在 60 个测试样本缺陷中，共有 5 个样本的分类结果错误，分类的正确率为 91.7%。这表明训练得到的 RBF

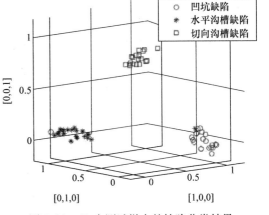

图 5-84　60 个测试样本的缺陷分类结果

人工神经网络可实现对三类缺陷的分类。

2. 基于 BP 人工神经网络的缺陷量化方法

BP 人工神经网络具有较强的非线性映射能力，在具有足够多神经元的前提下，BP 人工神经网络可以无限逼近任意的非线性函数，因此可用于建立缺陷三维漏磁信号特征量值与缺陷几何尺寸之间的非线性映射关系。

在 BP 人工神经网络中，以 $I = (I_1, \cdots, I_m)$ 表示输入信号，以 $O = (O_1, \cdots, O_n)$ 表示输出信号，用 $D = (I, O)$ 代表训练样本集，以 w_1 表示连接输入层与隐含层的权值，用 w_2 表示连接隐含层与输出层的权值，以 $W = (w_1, w_2)$ 表示整体权值，并以 p 表示隐含层所包含的神经元个数，则可计算得到 BP 人工神经网络的输出函数为

$$\hat{O}_n = \sum_{i=1}^{p} w_2(i) \tanh \left(\sum_{j=1}^{m} w_1(j) I_j + \theta_1(j) \right) + \theta_2 \tag{5-59}$$

基于误差最小原则对 BP 人工神经网络进行训练，即通过减小实际输出值与目标输出值之间的误差，对其中的权值进行调整。据此，可得到 BP 人工神经网络训练过程中的目标函数，即

$$
\begin{aligned}
E_D &= \sum_{n=1}^{N} \frac{1}{N} (\hat{O}_n - O_n)^2 \\
&= \sum_{n=1}^{N} \frac{1}{N} \left\{ \left[\sum_{i=1}^{p} w_{2,n}(i) \tanh \left(\sum_{j=1}^{m} w_{1,n}(j) I_j + \theta_1(j) \right) + \theta_2 \right] - O_n \right\}^2
\end{aligned}
\tag{5-60}
$$

在 BP 人工神经网络的训练过程中，常用最速下降法来优化权值，即求取式（5-60）的极小值。由此得到训练过程中第 L 个输出信号所对应权值的改变量，即

$$
\begin{aligned}
\Delta w_{1,L}(j) &= -\eta \frac{\partial E_D}{\partial w_{1,L}(j)} \\
&= -\frac{2\eta}{N} \left[\sum_{i=1}^{p} w_{2,L}(i) \sec^2 \left(\sum_{j=1}^{m} w_{1,L}(j) I_j + \theta_1(j) \right) I_j \right] \times \\
&\quad \left\{ \left[\sum_{i=1}^{p} w_{2,L}(i) \tanh \left(\sum_{j=1}^{m} w_{1,L}(j) I_j + \theta_1(j) \right) + \theta_2 \right] - O_L \right\}
\end{aligned}
\tag{5-61}
$$

$$
\begin{aligned}
\Delta w_2(i) &= -\eta \frac{\partial E_D}{\partial w_2(i)} \\
&= -\frac{2\eta}{N} \tanh \left(\sum_{j=1}^{m} w_1(j) I_j + \theta_1(j) \right) \times \\
&\quad \left\{ \left[w_2(i) \tanh \left(\sum_{j=1}^{m} w_1(j) I_j + \theta_1(j) \right) + \theta_2 \right] - O_L \right\}
\end{aligned}
\tag{5-62}
$$

其中，η 为权值修正过程的学习速率，用于在梯度下降算法中调整权值的修正步长。

采用以上模型对 BP 人工神经网络的权值进行修正时，需要预先设定隐含层神经元的数目。如果神经元数目过多，会导致该人工神经网络复杂度高、泛化能力差。但如果神经元数目过少，则会导致该人工神经网络的非线性拟合度较差。为了将神经元数目调整到合适的

值，从而减少其对该人工神经网络造成的不良影响，在该人工神经网络的训练中，在目标函数的基础上增加了衰减函数，即

$$E_w = \sum_m \frac{1}{2} w_1^2 + \sum_p \frac{1}{2} w_2^2 \tag{5-63}$$

通过控制式（5-63）的取值大小，可有效地控制该人工神经网络的复杂度。因此，可得到该人工神经网络训练的最终目标函数为

$$E = \alpha E_w + \beta E_D = \alpha \left(\sum_m \frac{1}{2} w_1^2 + \sum_p \frac{1}{2} w_2^2 \right) + \beta \sum_n \frac{1}{2} (\hat{O}_n - O_n)^2 \tag{5-64}$$

式中，α 和 β 为超参数，用于对网络的复杂度进行调整。

若 $\alpha \gg \beta$，则说明训练目标为尽可能减小实际输出值与目标输出值之间的误差，对网络规模的控制较少，导致该人工神经网络出现了过度拟合；若 $\alpha \ll \beta$，则说明训练目标为尽可能减小网络的复杂度，会导致该人工神经网络的非线性拟合能力较差。

采用最速下降算法对该人工神经网络进行优化时，无法实现对超参数 α、β 的调整。因此，将 Bayesian 算法引入 BP 人工神经网络的优化过程，在训练过程中实现超参数的自适应调整，从而在该人工神经网络的误差与该人工神经网络的规模之间取得平衡。

Bayesian 算法是一种常用的对参数范围进行估计的方法，其本质是：利用事件在过去的出现概率，对事件在未来的出现概率进行预测，即利用先验概率分布来求解后验概率分布。根据 Bayesian 定理，任意待求量均可被看作随机变量，能通过概率分布对其进行描述。Bayesian 定理通过 Bayesian 公式进行表达，即

$$p(\theta|x) = \frac{p(x|\theta)p(\theta)}{p(x)} = \frac{p(x|\theta)p(\theta)}{\int p(x|\theta)p(\theta)\,d\theta} \tag{5-65}$$

式中，θ 为待求的随机变量；x 为样本；$p(\theta|x)$ 为 θ 的后验分布信息，即待求随机变量的分布信息；$p(\theta)$ 代表 θ 的先验分布信息，即待求随机变量所拥有的初始概率；$p(x)$ 是样本 x 的边缘分布，通常被视为不依赖于变量 θ 的归一化因子。

由式（5-65）可知，Bayesian 算法是通过待求随机变量的先验分布信息与样本的分布概率对变量的后验分布信息进行求解的。由于 $p(x)$ 为归一化因子，故 Bayesian 定理的公式可等价为

$$p(\theta|x) \propto p(x|\theta)p(\theta) \tag{5-66}$$

由式（5-66）可知，待求量 θ 的后验分布反映了抽样以后对随机变量 θ 的认识，即抽样信息对先验分布产生影响后的结果。

基于 Bayesian 算法的 BP 人工神经网络，通过 Bayesian 算法对人工神经网络的权值进行调整。其具体操作流程为：将人工神经网络中的所有参数看作随机变量，基于目标参数的先验概率分布与实际输入、输出信号的样本数据，对人工神经网络的权值范围做进一步修正，并通过对 BP 人工神经网络模型复杂度的控制，节约人工神经网络的训练时间、降低人工神经网络过度拟合的可能性、提高 BP 人工神经网络的泛化能力。

以 A 表示人工神经网络，根据 Bayesian 定理，采用无样本数据时人工神经网络权值的先验分布 $p(w|\alpha,A)$，对有样本 $D = (I_m, O_n)$ 后人工神经网络权值的后验分布 $p(w|D,\alpha,\beta,A)$ 进行估计。得到人工神经网络权值的后验概率分布函数为

$$p(w|D,\alpha,\beta,A) = \frac{p(D|w,\beta,A)p(w|\alpha,A)}{p(D|\alpha,\beta,A)} \tag{5-67}$$

其中，$p(D|w,\beta,A)$ 为似然函数，即样本的联合分布。

$p(D|\alpha,\beta,A)$ 为归一化因子，有

$$p(D|\alpha,\beta,A) = \int_{-\infty}^{\infty} p(D|\alpha,\beta,A)p(w|\alpha,H)\,\mathrm{d}w \tag{5-68}$$

将人工神经网络样本的分布看作一个均值为零、方差 $\sigma^2 = \frac{1}{\beta}$ 的高斯分布，则可得到似然函数为

$$p(D|w,\beta,A) = \frac{1}{Z_p(\beta)}\exp\left(-\beta E_D\right) \tag{5-69}$$

在式（5-69）中，$Z_p(\beta)$ 为归一化因子，可写成

$$Z_p(\beta) = \left(\frac{2\pi}{\beta}\right)^{\frac{m}{2}} \tag{5-70}$$

同理，假设人工神经网络权值的分布是一个均值为零、方差 $\sigma^2 = \frac{1}{\alpha}$ 的高斯分布，则可得到人工神经网络权值的先验分布，即

$$p(w|\alpha,A) = \frac{1}{Z_w(\alpha)}\exp\left(-\alpha E_w\right) \tag{5-71}$$

在式（5-71）中，$Z_w(\alpha)$ 为归一化因子，可写成

$$Z_w(\alpha) = \left(\frac{2\pi}{\alpha}\right)^{\frac{m}{2}} \tag{5-72}$$

根据式（5-67）、式（5-69）和式（5-71），可得到人工神经网络权值的后验概率分布函数为

$$p(w|D,\alpha,\beta,A) = \frac{\frac{1}{Z_p(\beta)}\exp\left(-\beta E_D\right) * \frac{1}{Z_w(\alpha)}\exp\left(-\alpha E_w\right)}{p(D|\alpha,\beta,A)} = \frac{\exp\left(-E\right)}{Z_F(\alpha,\beta)} \tag{5-73}$$

在以上框架下，对目标函数 E 做最小化处理，即可得到最可能的人工神经网络权值参数 w。

在人工神经网络权值 w 给定的前提下，可以对人工神经网络的超参数 α、β 的后验概率分布进行估计。根据 Bayesian 定理，得到超参数的后验概率分布为

$$p(\alpha,\beta|D,A) = \frac{p(D|\alpha,\beta,A)p(\alpha,\beta|A)}{p(D|A)} \tag{5-74}$$

根据式（5-73）和式（5-74），归一化因子 $p(D|\alpha,\beta,A)$ 可写成

$$p(D|\alpha,\beta,A) = \frac{Z_{\mathrm{F}}(\alpha,\beta)}{Z_{\mathrm{w}}(\alpha)Z_{\mathrm{p}}(\beta)} \tag{5-75}$$

目标函数 E 在网络参数 w 处进行泰勒展开，并以此对目标函数进行最小化，从而得到使目标函数最小的人工神经网络权值 w_{MP}，并基于此求得可能性最大的超参数 α、β，即

$$\alpha_{\mathrm{MP}} = \frac{\gamma}{2E_{\mathrm{w}}(w_{\mathrm{MP}})} \tag{5-76}$$

$$\beta_{\mathrm{MP}} = \frac{m-\gamma}{2E_{\mathrm{D}}(w_{\mathrm{MP}})} \tag{5-77}$$

其中，γ 可通过人工神经网络的有效参数来表示。

综合以上分析，得到基于 Bayesian 算法的 BP 人工神经网络的训练流程，如图 5-85 所示。

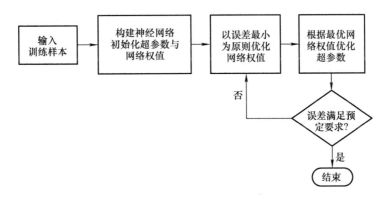

图 5-85 基于 Bayesian 算法的 BP 人工神经网络训练流程

具体的 BP 人工神经网络训练过程如下：

1）将训练样本 $D = (I_m, O_n)$ 输入到人工神经网络中。

2）给定初始人工神经网络结构，初始化人工神经网络的超参数 α、β，初始化 BP 人工神经网络的权值 w。

3）以误差最小为原则，最小化人工神经网络目标函数 E，计算得到最优的 BP 人工神经网络权值 w。

4）在最优网络权值 w 的基础上，计算最优的网络超参数 α、β。

5）若 BP 人工神经网络优化函数 E 满足设定的误差要求，则结束人工神经网络的训练过程，得到训练好的人工神经网络；若优化函数 E 不满足设定的误差要求，且人工神经网络训练次数仍未达到上限，则重复步骤 3），直至优化函数 E 满足要求，得到符合期望的人工神经网络；若人工神经网络训练次数已达到上限，但优化函数 E 仍不满足误差要求，则表明当前的人工神经网络不收敛。

根据以上的 BP 人工神经网络训练流程，可以构建缺陷几何尺寸信息与缺陷三维漏磁信号特征量值之间的非线性映射关系。

为了验证基于 Bayesian 算法的 BP 人工神经网络在减少人工神经网络训练时间上的有效

性，以及其用于缺陷量化时的量化精度，需要进行对应的缺陷量化试验。首先，构建基于 Bayesian 算法的 BP 人工神经网络，采用缺陷三维漏磁信号关键特征量值作为 BP 人工神经网络的输入信号，采用缺陷几何尺寸作为 BP 人工神经网络的输出信号，得到缺陷三维漏磁信号关键特征量值与缺陷几何尺寸之间的映射关系。进而比较引入 Bayesian 算法对网络进行优化前后的网络训练时间，并采用测试数据验证所训练人工神经网络的量化精度与抗干扰能力。

针对凹坑缺陷，利用包含 90 个缺陷的缺陷样本库，提取样本库内缺陷三维漏磁信号的关键特征量值。从这些缺陷样本中，选择 79 组用于人工神经网络的训练，剩余 11 组样本将作为测试数据，用于对训练好的人工神经网络的量化精度进行验证。

以 0.001 作为人工神经网络训练的目标均方误差，图 5-86 和图 5-87 分别给出了对凹坑缺陷直径和凹坑缺陷深度进行量化的人工神经网络训练过程。其中，图 5-86a 与图 5-87a 所示为基于传统的 BP 人工神经网络，采用缺陷三维漏磁信号的关键特征量值对缺陷的直径、深度进行量化。图 5-86b 与图 5-87b 所示为基于 Bayesian 算法的 BP 人工神经网络，采用缺陷一维漏磁信号的关键特征量值对缺陷直径、深度进行量化。图 5-86c 与图 5-87c 则给出了基于 Bayesian 算法的 BP 人工神经网络，采用缺陷三维漏磁信号特征量值对缺陷直径、深度进行量化的网络训练过程。在各个训练过程图中，均用虚线标出了人工神经网络训练的目标误差。

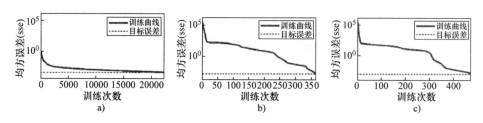

图 5-86　凹坑缺陷直径量化人工神经网络的训练过程

a）三维漏磁信号、传统算法　b）一维漏磁信号、Bayesian 算法　c）三维漏磁信号、Bayesian 算法

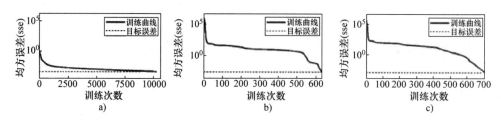

图 5-87　凹坑缺陷深度量化人工神经网络训练过程

a）三维漏磁信号、传统算法　b）一维漏磁信号、Bayesian 算法　c）三维漏磁信号、Bayesian 算法

对比图 5-86a 与图 5-86c 可以看出，在采用缺陷三维漏磁信号特征量值对人工神经网络进行训练时，传统 BP 人工神经网络经过 22598 次训练达到了预期目标，而基于 Bayesian 算法的 BP 人工神经网络只需 473 次训练就达到了预期目标，其收敛速度更快，可有效地减少

训练时间。而对比图 5-86b 与图 5-86c 可以看出，采用缺陷一维漏磁信号特征量值对人工神经网络进行训练时，经过 365 次训练达到了预期目标，比采用缺陷三维漏磁信号特征量值进行训练的次数要少，这与人工神经网络输入变量的减少是一致的。比较图 5-87a 与图 5-87c、图 5-87b 与图 5-87c，也可以得到相同的结论。以上结果表明，基于 Bayesian 算法的 BP 人工神经网络，相比于传统的 BP 人工神经网络，具有收敛速度快、训练时间短的优点。

针对凹坑缺陷，统计 11 个测试样本的缺陷直径与深度的量化结果，如图 5-88 所示。其中，横坐标代表 11 个缺陷样本的编号，纵坐标代表该缺陷尺寸的量化结果与缺陷实际几何尺寸的相对比例。表 5-28 给出了不同情况下针对凹坑缺陷量化结果的最大相对误差。

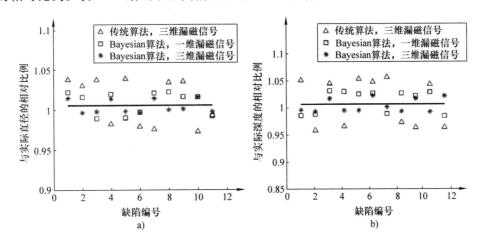

图 5-88　凹坑缺陷量化结果与实际尺寸的相对比例

a）直径　b）深度

表 5-28　凹坑缺陷量化的最大相对误差

缺陷参数	传统 BP 人工神经网络 三维漏磁信号	Bayesian 算法 一维漏磁信号	Bayesian 算法 三维漏磁信号
直径	3.12%	1.59%	0.97%
深度	4.78%	2.26%	1.54%

从表 5-28 中给出的量化结果可以看出，在采用三维漏磁信号特征量值对缺陷进行量化时，使用传统 BP 人工神经网络对缺陷直径、深度量化的最大相对误差要大于基于 Bayesian 算法的 BP 人工神经网络量化的最大相对误差。从图 5-88 中也可以看出，在各测试样本的量化结果中，传统 BP 人工神经网络的量化误差普遍高于基于 Bayesian 算法的 BP 人工神经网络的量化误差。以上结果表明，基于 Bayesian 算法的 BP 人工神经网络可在缺陷三维漏磁信号的特征量值与缺陷几何尺寸之间建立更好的映射关系，能提高对凹坑缺陷的量化精度。

除此之外，在采用基于 Bayesian 算法的 BP 人工神经网络对缺陷进行量化时，使用三维漏磁信号对缺陷直径、深度量化的最大相对误差要小于使用一维漏磁信号进行量化的最大相对误差。在各测试样本的量化结果中也可看出，采用缺陷三维漏磁信号量化的相对误差普遍低于采用一维漏磁信号的量化误差。以上结果表明，缺陷三维漏磁信号包含更多的缺陷信息，采用三维漏磁信号对储罐底板缺陷进行量化能有效提高缺陷的量化精度。

针对水平沟槽缺陷，利用其包含 150 个缺陷的样本库，提取样本库内缺陷的三维漏磁信号的关键特征量值。在这些缺陷样本中，选择 130 组缺陷样本用于人工神经网络的训练，剩余 20 组样本用于对训练好的人工神经网络进行量化精度的验证。

以 0.001 作为网络训练的目标误差，图 5-89、图 5-90 与图 5-91 分别给出了对水平沟槽缺陷长度、宽度、深度进行量化的人工神经网络的训练过程。图 5-89a、图 5-90a 与图 5-91a 所示为基于传统 BP 人工神经网络、采用缺陷三维漏磁信号特征量值进行量化的网络训练过程。图 5-89b、图 5-90b 与图 5-91b 所示为基于 Bayesian 算法的 BP 人工神经网络、采用缺陷一维漏磁信号特征量值进行量化的网络训练过程。图 5-89c、图 5-90c 与图 5-91c 所示为基于 Bayesian 算法的 BP 人工神经网络、采用缺陷三维漏磁信号特征量值进行量化的网络训练过程。图中均用虚线标出了网络训练的目标误差，即 0.001。

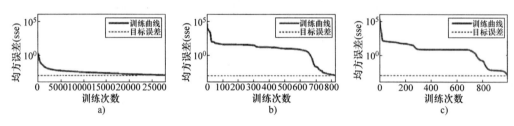

图 5-89　水平沟槽缺陷长度量化人工神经网络训练过程

a）三维漏磁信号、传统算法　b）一维漏磁信号、Bayesian 算法　c）三维漏磁信号、Bayesian 算法

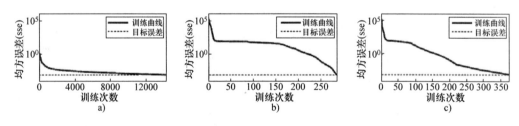

图 5-90　水平沟槽缺陷宽度量化人工神经网络训练过程

a）三维漏磁信号、传统算法　b）一维漏磁信号、Bayesian 算法　c）三维漏磁信号、Bayesian 算法

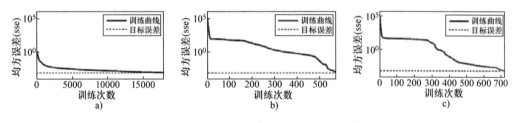

图 5-91　水平沟槽缺陷深度量化人工神经网络训练过程

a）三维漏磁信号、传统算法　b）一维漏磁信号、Bayesian 算法　c）三维漏磁信号、Bayesian 算法

通过图 5-89a 与图 5-89c、图 5-90a 与图 5-90c、图 5-91a 与图 5-91c，可以对比采用传统 BP 人工神经网络与基于 Bayesian 算法的 BP 人工神经网络的训练过程。在对缺陷长度、宽度、深度进行量化的人工神经网络的训练过程中，传统 BP 人工神经网络分别经过 28931、14305、19625 次训练可达到预期目标，基于 Bayesian 算法的 BP 人工神经网络只经过 994、375、717 次训练就达到了预期目标。这一结果验证了基于 Bayesian 算法的 BP 人工神经网络的收敛速度更快。

通过图 5-89b 与图 5-89c、图 5-90b 与图 5-90c、图 5-91b 与图 5-91c，可以对比使用基于 Bayesian 算法的 BP 人工神经网络时，采用缺陷一维漏磁信号特征量值与采用缺陷三维漏磁信号特征量值的网络训练过程。可以看出，在对缺陷长度、宽度、深度进行量化的人工神经网络的训练过程中，采用缺陷一维漏磁信号特征量值的人工神经网络分别经过 824、286、666 次训练达到了预期目标，比采用缺陷三维漏磁信号特征量值进行训练的次数略少，与其采用了较少的漏磁信号特征量值相符。

针对水平沟槽缺陷，统计 20 个测试缺陷样本的长度、宽度、深度的量化结果，如图 5-92 所示。表 5-29 给出了水平沟槽缺陷尺寸量化结果的最大相对误差。

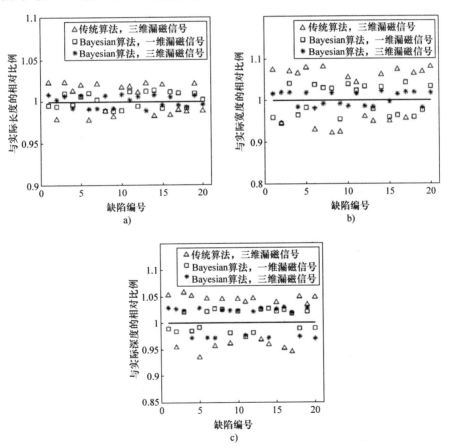

图 5-92　水平沟槽缺陷量化结果与实际尺寸相对比例

a）长度　b）宽度　c）深度

表5-29 水平沟槽缺陷量化的最大相对误差

缺陷参数	传统 BP 人工神经网络 三维漏磁信号	Bayesian 算法 一维漏磁信号	Bayesian 算法 三维漏磁信号
长度	2.32%	1.07%	0.86%
宽度	7.98%	4.52%	2.13%
深度	5.98%	2.69%	3.03%

从表5-29中给出的量化结果可以看出，在采用三维漏磁信号对水平沟槽缺陷进行量化时，使用传统 BP 人工神经网络对缺陷长度、宽度、深度量化的最大相对误差要大于基于 Bayesian 算法的 BP 人工神经网络量化的最大相对误差。从图5-92中同样可以看出，在20个测试样本的量化结果中，传统 BP 人工神经网络的量化误差普遍高于基于 Bayesian 算法的 BP 人工神经网络的量化误差。由此可知，采用基于 Bayesian 算法的 BP 人工神经网络能有效地提高对储罐底板水平沟槽缺陷的量化精度。

由表5-29可知，在采用基于 Bayesian 算法的 BP 人工神经网络对水平沟槽缺陷进行量化时，使用缺陷三维漏磁信号进行量化的最大相对误差要小于使用一维漏磁信号进行量化的最大相对误差。并且在图5-92所示的量化结果中，采用三维漏磁信号对缺陷进行量化的相对误差普遍低于采用一维漏磁信号的量化误差。这是由于缺陷三维漏磁信号包含更多的缺陷信息，因而采用三维漏磁信号对储罐底板水平沟槽缺陷长度、宽度进行量化，能有效提高缺陷的量化精度。

在150个切向沟槽缺陷样本中，选择130组用于人工神经网络的训练，剩余20组用于验证训练好的人工神经网络的量化精度。

图5-93、图5-94与图5-95分别给出了针对切向沟槽缺陷长度、宽度、深度量化的网络训练过程。其中，图5-93a、图5-94a与图5-95a所示为基于传统 BP 人工神经网络、采用缺陷三维漏磁信号特征量值对缺陷进行量化的人工神经网络训练过程；图5-93b、图5-94b与图5-95b所示为基于 Bayesian 算法的 BP 人工神经网络、采用缺陷一维漏磁信号特征量值对缺陷进行量化的人工神经网络训练过程；图5-93c、图5-94c与图5-95c所示为基于 Bayesian 算法的 BP 人工神经网络、采用缺陷三维漏磁信号特征量值对缺陷进行量化的人工神经网络训练过程。

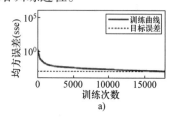 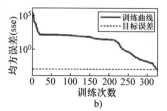 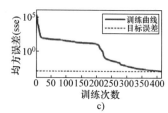

图5-93 切向沟槽缺陷长度量化人工神经网络训练过程

a）三维漏磁信号、传统算法 b）一维漏磁信号、Bayesian 算法 c）三维漏磁信号、Bayesian 算法

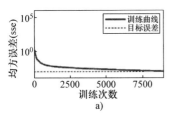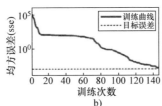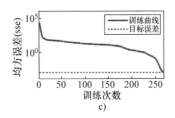

图 5-94　切向沟槽缺陷宽度量化人工神经网络训练过程

a）三维漏磁信号、传统算法　b）一维漏磁信号、Bayesian 算法　c）三维漏磁信号、Bayesian 算法

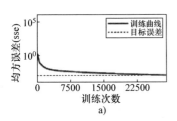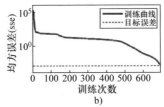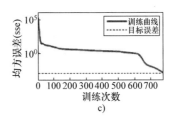

图 5-95　切向沟槽缺陷深度量化人工神经网络训练过程

a）三维漏磁信号、传统算法　b）一维漏磁信号、Bayesian 算法　c）三维漏磁信号、Bayesian 算法

基于图 5-93a 与图 5-93c、图 5-94a 与图 5-94c、图 5-95a 与图 5-95c，可以对比采用缺陷三维漏磁信号特征量值时，分别使用传统 BP 人工神经网络与基于 Bayesian 算法的 BP 人工神经网络的网络训练次数。传统 BP 人工神经网络分别经过 17882、9185、28652 次训练达到了预期目标，而基于 Bayesian 算法的 BP 人工神经网络只经过 416、269、779 次训练就达到了预期目标，这进一步验证了基于 Bayesian 算法的 BP 人工神经网络具有较快的收敛速度。此外，从图 5-93b、图 5-94b 与图 5-95b 可以看出，在切向沟槽缺陷的长度、宽度、深度量化人工神经网络的训练过程中，采用缺陷一维漏磁信号特征量值的人工神经网络训练，分别经过 326、146、694 次迭代后达到了预期目标，略少于图 5-93c、图 5-94c 与图 5-95c 中采用缺陷三维漏磁信号特征量值时的训练次数。这也是由于缺陷三维漏磁信号的特征量值多于一维漏磁信号的特征量值，增加了网络的输入变量。

图 5-96 给出了切向沟槽缺陷的 20 个测试样本的长度、宽度、深度量化结果，其中横坐标代表 20 个缺陷的编号，纵坐标代表该缺陷长度、宽度、深度量化结果与缺陷实际几何尺寸的相对比例。表 5-30 统计了几种情况下切向沟槽缺陷量化结果的最大相对误差。

从图 5-96 与表 5-30 中给出的量化结果可以看出，与凹坑缺陷、水平沟槽缺陷的量化结果相似，采用传统 BP 人工神经网络对切向沟槽缺陷几何尺寸量化的误差要普遍高于基于 Bayesian 算法的 BP 人工神经网络量化的误差。验证了基于 Bayesian 算法的 BP 人工神经网络能有效地提高对切向沟槽缺陷的量化精度。

在采用基于 Bayesian 算法的 BP 人工神经网络对切向沟槽缺陷进行量化时，使用一维漏磁信号对缺陷长度、宽度的量化误差要高于采用三维漏磁信号的量化误差，验证了缺陷三维漏磁信号包含更多的缺陷信息，可以有效提高缺陷的量化精度。

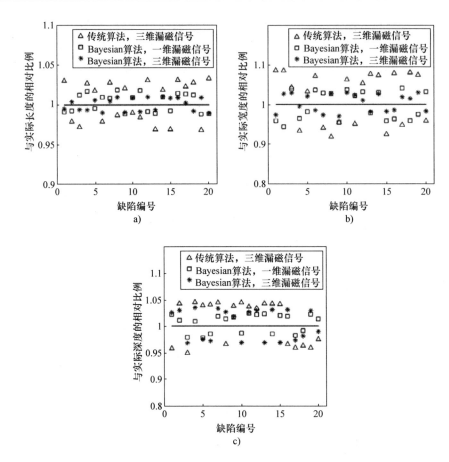

图 5-96　切向沟槽缺陷量化结果与实际尺寸相对比例

a）长度　b）宽度　c）深度

表 5-30　切向沟槽缺陷量化的最大相对误差

缺陷参数	传统 BP 人工神经网络 三维漏磁信号	Bayesian 算法 一维漏磁信号	Bayesian 算法 三维漏磁信号
长度	3.32%	1.86%	1.02%
宽度	8.65%	5.49%	3.01%
深度	4.48%	2.45%	3.51%

5.2.3　不完整信号下的缺陷量化与显示方法

本节将利用检测到的缺陷三维漏磁信号，反演得到缺陷的几何尺寸，从而实现对缺陷轮廓的实时显示。

在缺陷的检测过程中，存在以下问题：数据处理区域内不包含完整的缺陷三维漏磁信号，也就无法准确地实现缺陷的分类与量化。为了解决这一问题，将在已获得不完整的缺陷三维漏磁信号的情况下，提出一种快速的缺陷轮廓显示方法。通过对缺陷边沿的识别与对缺陷深度的估计，在一定的允许误差前提下，实现基于不完整三维漏磁信号下的缺陷实时显示。

首先，为了识别不完整三维漏磁信号下的缺陷边沿，提出基于索贝尔离散性差分算子的缺陷边沿识别方法。采用索贝尔算子求解缺陷三维漏磁信号的梯度；进而采用阈值截取的方法，获取基于三维漏磁信号的缺陷边沿点，并据此进行边沿点的合成。对于合成后的边沿点进行曲线拟合，以获得最终的缺陷边沿。

其次，为了实现不完整三维漏磁信号下对缺陷深度的估计，提出基于信号等效处理的缺陷深度快速估计方法。提出缺陷不完整三维漏磁信号的等效处理方法，得到等价的缺陷完整三维漏磁信号，进而提取其关键特征量值，并以此作为深度量化人工神经网络的输入信号，对缺陷深度进行快速估计。最终，通过缺陷深度估计试验验证所提出的不完整三维漏磁信号下缺陷深度快速估计方法的有效性。

最后，基于不完整三维漏磁信号下估计得到的缺陷边沿与深度，总结归纳出缺陷的实时显示方法。总结对缺陷种类进行判断的具体流程，并针对凹坑、水平沟槽、切向沟槽这三类缺陷，给出用于缺陷实时显示的缺陷轮廓求取方法。通过缺陷实时显示试验，对所提出的缺陷实时显示方法的可行性进行验证。

1. 缺陷边沿识别

在不完整的缺陷三维漏磁信号下，数据处理区域内仅包含部分的缺陷漏磁信号。同时，检测器每完成一次扫查，数据处理区域内数据就进行一次队列更新。在缺陷反演过程中，仍然对每次扫查后数据处理区域内的静态漏磁场的数据进行处理。对每次扫查后的处理结果进行实时更新，即可得到实时显示的缺陷结果。

在漏磁检测过程中，磁力线在缺陷边沿处会发生突变。因此，缺陷三维漏磁检测信号的突变点即可反映被检出缺陷的边沿信息。据此，可采用缺陷三维漏磁信号的梯度值来对缺陷边沿进行检测。

鉴于数据处理区域内的信号具有不连续性，采用索贝尔离散性差分算子，对数据处理区域内每一点的梯度值进行计算。首先，针对数据处理区域内的信号点 (x, y)，分别沿水平方向与切向方向，求得索贝尔边沿识别梯度值 $G_x(x, y)$ 与 $G_y(x, y)$。其中，水平方向的边缘识别梯度值 G_x 由该点沿水平方向上左列信号点 $(x-1, y-1)$、$(x-1, y)$、$(x-1, y+1)$ 与右列信号点 $(x+1, y-1)$、$(x+1, y)$、$(x+1, y+1)$ 的加权差值求得，可采用差分运算代替一阶偏导数运算；切向方向的边沿识别梯度值 G_y 由该点沿切向方向上左列信号点 $(x-1, y-1)$、$(x, y-1)$、$(x+1, y-1)$ 与右列信号点 $(x-1, y+1)$、$(x, y+1)$、$(x+1, y+1)$ 的加权差值求得。由此，可以求出

$$
\begin{aligned}
G_x(x, y) = {} & (-1) \times f(x-1, y-1) + 0 \times f(x, y-1) + 1 \times f(x+1, y-1) + \\
& (-2) \times f(x-1, y) + 0 \times f(x, y) + 1 \times f(x+1, y) + \\
& (-1) \times f(x-1, y+1) + 0 \times f(x, y+1) + 1 \times f(x+1, y+1)
\end{aligned}
\tag{5-78}
$$

$$G_y(x,y) = 1 \times f(x-1,y-1) + 2 \times f(x,y-1) + 1 \times f(x+1,y-1) +$$
$$0 \times f(x-1,y) + 0 \times f(x,y) + 0 \times f(x+1,y) + \qquad (5\text{-}79)$$
$$(-1) \times f(x-1,y+1) + (-2) \times f(x,y+1) + (-1) \times f(x+1,y+1)$$

根据信号点 (x,y) 的水平方向与切向方向的梯度值 $G_x(x,y)$ 与 $G_y(x,y)$，可计算得到信号点 (x,y) 的梯度 $G(x,y)$ 与梯度方向 $\theta(x,y)$，即

$$G(x,y) = \sqrt{G_x^2(x,y) + G_y^2(x,y)} \qquad (5\text{-}80)$$

$$\theta(x,y) = \arctan\left[G_y(x,y)/G_x(x,y) \right] \qquad (5\text{-}81)$$

在对数据处理区域内全部信号点 $\boldsymbol{A}$ 进行处理时，以索贝尔卷积因子 $\boldsymbol{G}_x$、$\boldsymbol{G}_y$ 对 $\boldsymbol{A}$ 沿水平方向与切向方向进行卷积来实现水平方向与切向方向的差分运算，有

$$\boldsymbol{G}_x = \begin{pmatrix} -1 & 0 & 1 \\ -2 & 0 & 0 \\ -1 & 0 & 1 \end{pmatrix}, \ \boldsymbol{G}_y = \begin{pmatrix} 1 & 2 & 1 \\ 0 & 0 & 0 \\ -1 & -2 & -1 \end{pmatrix} \qquad (5\text{-}82)$$

$$G_x(\boldsymbol{A}) = \boldsymbol{G}_x * \boldsymbol{A} = \begin{pmatrix} -1 & 0 & 1 \\ -2 & 0 & 0 \\ -1 & 0 & 1 \end{pmatrix} * \boldsymbol{A} \qquad (5\text{-}83)$$

$$G_y(\boldsymbol{A}) = \boldsymbol{A} * \boldsymbol{G}_y = \boldsymbol{A} * \begin{pmatrix} 1 & 2 & 1 \\ 0 & 0 & 0 \\ -1 & -2 & -1 \end{pmatrix} \qquad (5\text{-}84)$$

由此，可计算得到数据处理区域内全部信号点的梯度 $G(\boldsymbol{A})$ 与梯度方向 $\theta(\boldsymbol{A})$，有

$$G(\boldsymbol{A}) = \sqrt{G_x^2(\boldsymbol{A}) + G_y^2(\boldsymbol{A})} \qquad (5\text{-}85)$$

$$\theta(\boldsymbol{A}) = \arctan\left(\frac{G_y(\boldsymbol{A})}{G_x(\boldsymbol{A})} \right) \qquad (5\text{-}86)$$

采用以上方法，对凹坑缺陷、水平沟槽缺陷与切向沟槽缺陷的三维漏磁信号进行梯度求解。图 5-97、图 5-98、图 5-99 分别给出了三类缺陷三维漏磁信号的梯度分布强度图。

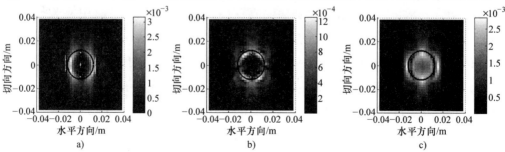

图 5-97　24mm × 24mm × 2.4mm 凹坑缺陷三维漏磁信号梯度分布强度图

a）水平分量　b）切向分量　c）法向分量

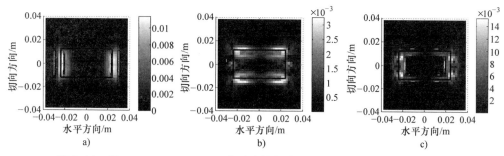

图 5-98　48mm×24mm×1.2mm 水平沟槽缺陷三维漏磁信号梯度分布强度图

a）水平分量　b）切向分量　c）法向分量

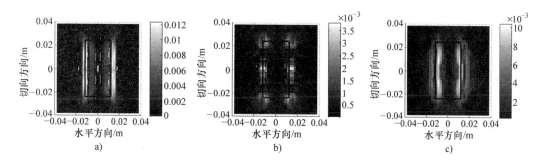

图 5-99　24mm×48mm×1.2mm 切向沟槽缺陷三维漏磁信号梯度分布强度图

a）水平分量　b）切向分量　c）法向分量

图 5-97、图 5-98、图 5-99 中粗黑线为缺陷的实际边沿。可以看出，缺陷三维漏磁信号梯度的峰值分布区域均与缺陷的边沿具有较好的吻合，但水平、切向、法向信号的吻合点存在一定的差异。

为了获取最终的缺陷边沿，针对水平、切向、法向三个方向的漏磁信号，分别提取梯度的峰值区域分布。经调整，设定梯度信号峰谷值的 80%、65%、75% 作为截取阈值，得到凹坑缺陷、水平沟槽缺陷、切向沟槽缺陷的基于水平、切向、法向三个方向漏磁信号的边沿识别结果。进而将得到的三维边沿点进行合成，得到缺陷边沿点识别的合成结果，如图 5-100、图 5-101、图 5-102 所示。

可以看出，水平、切向、法向三个方向的边沿点识别结果基本位于实际边沿左右，且各方向边沿点覆盖实际边沿的位置各有不同。因此，将三维边沿点合成，得到合成后的边沿点的覆盖范围要大于实际的缺陷边沿。从图 5-100d、图 5-101d、图 5-102d 中也可以看出，合成边沿点对缺陷沿切向方向的边沿的识别更加准确。这是由于磁化方向是沿水平方向进行的，在该方向上的磁场变化更加明显，与之相切方向的边沿识别也就会更加清楚。

为了获取缺陷边沿的完整信息，以三维合成边沿点识别结果中的最外边沿点为基础进行曲线拟合，获取其中封闭区域，作为识别得到的缺陷，如图 5-103a、图 5-104a、图 5-105a 中深色区域所示。图 5-103b、图 5-104b、图 5-105b 则为所识别的缺陷边沿与实际缺陷边沿的对比图。

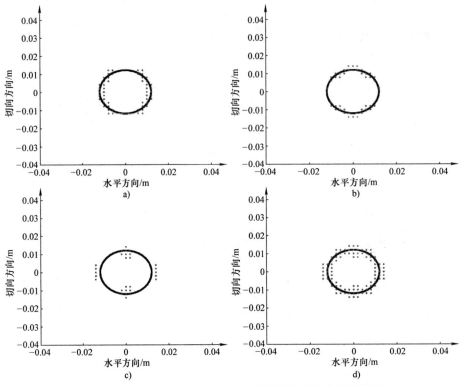

图 5-100　24mm×24mm×2.4mm 凹坑缺陷边沿点识别结果

a）水平分量　b）切向分量　c）法向分量　d）三维合成

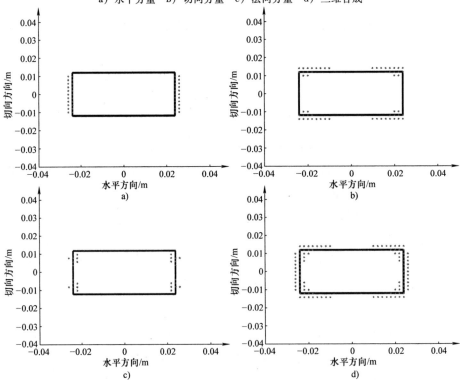

图 5-101　48mm×24mm×1.2mm 水平沟槽缺陷边沿点识别结果

a）水平分量　b）切向分量　c）法向分量　d）三维合成

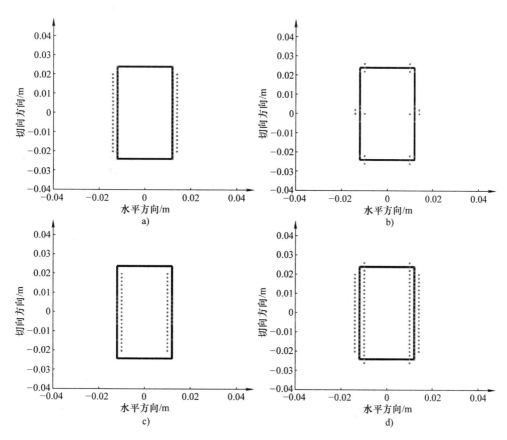

图 5-102 24mm×48mm×1.2mm 切向沟槽缺陷边沿点识别结果

a）水平分量 b）切向分量 c）法向分量 d）三维合成

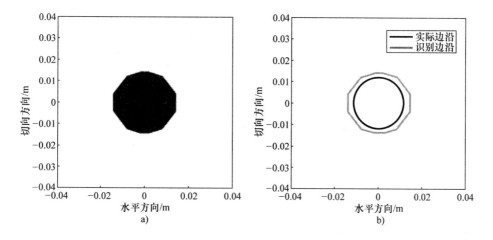

图 5-103 24mm×24mm×2.4mm 凹坑缺陷边沿点识别结果

a）缺陷区域识别结果 b）识别得到的缺陷边沿与实际缺陷边沿对比

对比识别得到的缺陷边沿与实际缺陷边沿可知，基于三维信号梯度的缺陷边沿识别结果与实际缺陷边沿非常相近，且其很好地包含了缺陷的实际边沿。除此之外，由图 5-103～图

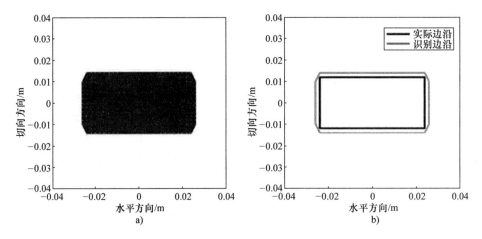

图 5-104　48mm×24mm×1.2mm 水平沟槽缺陷边沿点识别结果

a）缺陷区域识别结果　b）识别得到的缺陷边沿与实际缺陷边沿对比

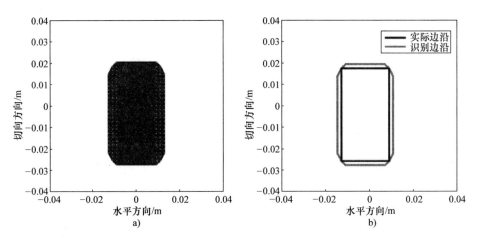

图 5-105　24mm×48mm×1.2mm 切向沟槽缺陷边沿点识别结果

a）缺陷区域识别结果　b）识别得到的缺陷边沿与实际缺陷边沿对比

5-105 可以看出，识别得到的缺陷边沿，最大仅超出实际边沿 1 个格点（2mm），相比于检测器的 5mm 采点间隔，该误差可以忽略不计。

　　为了验证所提出的缺陷边沿识别方法对不完整信号下的缺陷相应部分的边沿识别效果，分别对凹坑、水平沟槽、切向沟槽三类缺陷进行不完整信号下的缺陷边沿识别试验。对每一类缺陷，分别在数据处理区域内包含 10%、30%、60%、90% 的缺陷三维漏磁信号条件下，进行缺陷的边沿识别。图 5-106 给出了 30mm×30mm×2mm 凹坑缺陷在 10%、30%、60%、90% 的缺陷三维漏磁信号时的缺陷区域识别结果，图 5-107 则为识别边沿与实际边沿的对比结果。

　　由图 5-106 和图 5-107 可以看出，当数据处理区域内包含 10%、30%、60%、90% 的缺陷不完整三维漏磁信号时，识别得到的缺陷边沿与缺陷实际边沿基本吻合。这表明该边沿识

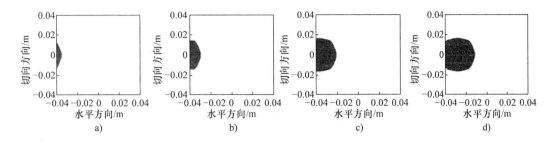

图 5-106　30mm×30mm×2mm 凹坑缺陷的缺陷区域识别结果

a）10% 三维漏磁信号　b）30% 三维漏磁信号　c）60% 三维漏磁信号　d）90% 三维漏磁信号

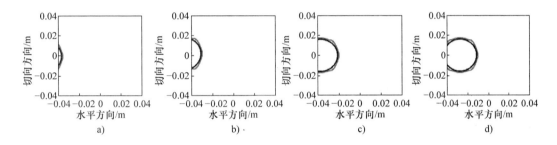

图 5-107　30mm×30mm×2mm 凹坑缺陷识别边沿与实际边沿对比

a）10% 三维漏磁信号　b）30% 三维漏磁信号　c）60% 三维漏磁信号　d）90% 三维漏磁信号

别方法可以在不完整三维漏磁信号下对缺陷相应部分的边沿进行准确的识别。

值得注意的是，在将完整信号下的缺陷边沿识别方法用于不完整信号下的缺陷边沿识别时，存在以下两个问题。

首先，当梯度信号在边沿处未达到峰值时，无法通过峰谷值的百分比作为截取阈值，如直接采用截取阈值，会将非缺陷的位置识别成缺陷。这一问题的解决办法为：在梯度信号中，设定用于判断缺陷起始的梯度阈值，当梯度信号达到此梯度阈值时，再采用截取阈值的方法对边沿进行识别。由于缺陷三维漏磁信号在缺陷边沿处的变化很快，梯度信号会在短时间内达到峰值。试验表明，该方法在边沿识别初期可能造成不超出实际边沿 2 个格点（4mm）的误差，与检测器 5mm 的采点间隔相比，还是可以忽略不计的。

其次，当数据处理区域内包含少于 50% 的缺陷三维漏磁信号时，无法通过缺陷沿水平方向的两条边界的点共同确定缺陷区域。这一问题的解决办法为：以 50% 缺陷三维漏磁信号内的缺陷边沿约束缺陷宽度，并与数据处理区域内约束了缺陷宽度的后边沿点共同确定缺陷的区域。

为了识别 50% 缺陷三维漏磁信号这一状态点，对扫查得到的缺陷三维漏磁信号水平分量进行判断。取数据处理区域内最后 6 列数据点，以沿切向方向的中线为对称轴，比较对称轴两端对应数据点的相对误差。若 90% 以上数据点的相对误差小于 10%，则认为识别到50% 缺陷三维漏磁信号状态点。

图 5-108～图 5-111 分别给出了 40mm×20mm×2mm 水平沟槽缺陷、20mm×40mm×2mm

切向沟槽缺陷在不完整三维漏磁信号时的缺陷区域识别结果以及识别边沿与实际边沿的对比结果。由图 5-108 ~ 图 5-111 可以看出，在不同百分比的缺陷三维漏磁信号下，识别的缺陷相应部分的边沿与实际缺陷边沿的吻合度均较高。

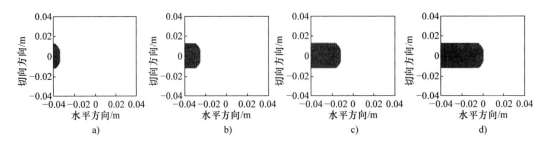

图 5-108 40mm×20mm×2mm 水平沟槽缺陷的缺陷区域识别结果

a）10% 三维漏磁信号 b）30% 三维漏磁信号 c）60% 三维漏磁信号 d）90% 三维漏磁信号

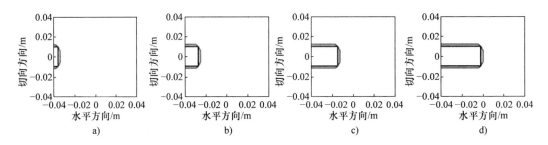

图 5-109 40mm×20mm×2mm 水平沟槽缺陷识别边沿与实际边沿对比

a）10% 三维漏磁信号 b）30% 三维漏磁信号 c）60% 三维漏磁信号 d）90% 三维漏磁信号

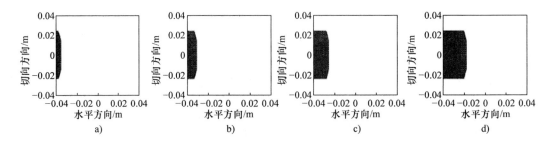

图 5-110 20mm×40mm×2mm 切向沟槽缺陷区域识别结果

a）10% 三维漏磁信号 b）30% 三维漏磁信号 c）60% 三维漏磁信号 d）90% 三维漏磁信号

2. 缺陷深度估计

在已知缺陷边沿的前提下，为了实现在不完整信号下对缺陷相应部分的实时显示，需要利用数据处理区域内不完整的缺陷三维漏磁信号对缺陷的深度进行估计。由于信号的不完整性，对缺陷深度的估计不可避免地会存在一定误差。

在 5.2.2 节给出的完整三维漏磁信号的缺陷深度量化过程中，采用人工神经网络方法，训练并获得了以较高精度计算缺陷深度的人工神经网络。对在不完整信号下要实现缺陷相应

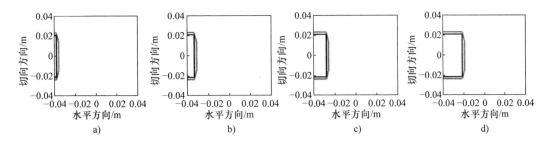

图 5-111　20mm×40mm×2mm 切向沟槽缺陷识别边沿与实际边沿对比

a）10% 三维漏磁信号　b）30% 三维漏磁信号　c）60% 三维漏磁信号　d）90% 三维漏磁信号

部分的显示，仍利用人工神经网络来估算缺陷深度，旨在满足实时显示缺陷的实际要求。然而，采用人工神经网络进行缺陷的深度估计，通常需要缺陷完整的三维漏磁信号。为了利用人工神经网络的快速特性，提出一种缺陷不完整三维漏磁信号的等效处理方法，从而得到等价的完整信号，用于对缺陷深度进行快速估计。

在对信号进行等效处理前，首先对凹坑、水平沟槽、切向沟槽这三类缺陷深度量化中使用的完整三维漏磁信号关键特征量值进行分析。

在对凹坑缺陷的深度进行量化时，人工神经网络的输入信号为缺陷完整三维漏磁信号水平分量的信号峰值 P_{h1}、信号谷值 P_{h3}，切向分量的信号强度积分 P_{t8} 和法向分量的信号强度积分 P_{v5}。在水平沟槽缺陷深度的量化过程中，人工神经网络的输入信号为缺陷完整三维漏磁信号水平分量的信号峰值 H_{h1}、信号强度积分 H_{h9}，切向分量的信号极大值 H_{t4}，法向分量的信号强度积分 H_{v4}、水平轴线一阶微分信号峰值 H_{v6}。在对切向沟槽缺陷的深度进行量化时，将缺陷完整三维漏磁信号水平分量的信号峰谷值 T_{h5}、信号强度积分 T_{h10}，切向分量的信号峰值 T_{t1}，法向分量的信号强度积分 T_{v5}、水平轴线峰值 T_{v7} 作为人工神经网络的输入。

以上用于深度量化的人工神经网络输入信号的共同点在于，当缺陷的直径、长度或宽度不变时，除了凹坑缺陷深度量化中的关键特征量值 P_{h3} 外，所有关键特征量值都随着缺陷深度的增加而逐渐增加。凹坑缺陷深度量化中的关键特征量值 P_{h3} 是随着缺陷深度的增加而逐渐减小的。据此，为了保证在缺陷三维漏磁信号信息量增加时，缺陷深度的估算准确度不断增加，在对不完整信号下缺陷三维漏磁信号进行等效处理时，处理后的信号应该满足：随着获取缺陷三维漏磁信号信息量的增加，凹坑缺陷深度量化中的关键特征量值 P_{h3} 逐渐减小，而除此之外的所有关键特征量值均应逐渐增大。

根据以上分析，在对缺陷不完整三维漏磁信号进行等效处理时，当已知的缺陷三维漏磁信号少于完整缺陷信号的 50% 时，将已有的缺陷不完整三维漏磁信号的水平分量沿切向平面进行偶对称处理；将切向分量沿切向平面进行偶对称处理后，再沿水平平面进行偶对称处理；将法向分量沿切向平面进行奇对称处理。

以 24mm×24mm×2.4mm 凹坑缺陷为例，对数据处理区域内分别包含 10%、25%、40% 缺陷三维漏磁信号的水平、切向、法向信号进行等效处理，得到图 5-112～图 5-114 所示的处理结果。

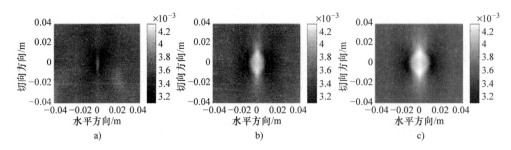

图 5-112　24mm×24mm×2.4mm 凹坑缺陷不完整三维漏磁信号水平分量等效处理结果

a）10%三维漏磁信号　b）25%三维漏磁信号　c）40%三维漏磁信号

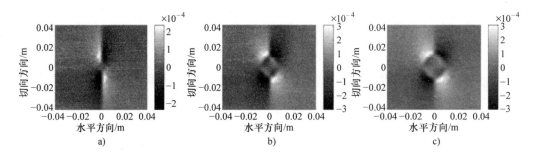

图 5-113　24mm×24mm×2.4mm 凹坑缺陷不完整三维漏磁信号切向分量等效处理结果

a）10%三维漏磁信号　b）25%三维漏磁信号　c）40%三维漏磁信号

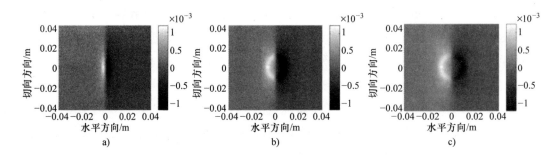

图 5-114　24mm×24mm×2.4mm 凹坑缺陷不完整三维漏磁信号法向分量等效处理结果

a）10%三维漏磁信号　b）25%三维漏磁信号　c）40%三维漏磁信号

以上结果显示，对于等效处理后的缺陷三维漏磁信号，随着缺陷三维漏磁信号信息量的增加，提取的缺陷三维漏磁信号各关键特征量值的准确度也在不断增加。当数据处理区域内包含 10%的缺陷三维漏磁信号时，信号切向分量、法向分量的峰值与谷值已经与缺陷完整三维漏磁信号下的对应数值相等。随着数据处理区域内缺陷三维漏磁信号占比的逐渐加大，水平分量、切向分量、法向分量的信号强度积分等关键特征量值不断增加。由此可见，采用信号等效处理方法，在缺陷深度的估算过程中，估算精度会随着信息量的增加而逐渐提升，完全满足预期的要求。

最后，在已知的缺陷三维漏磁信号多于完整缺陷信号的 50% 时，仅需对 50% 缺陷不完整三维漏磁信号的水平分量、切向分量、法向分量进行与之前相同的对称处理，即可得到完整的缺陷三维漏磁信号。

在对缺陷不完整三维漏磁信号进行等效处理后，针对凹坑、水平沟槽、切向沟槽三类缺陷的等价三维漏磁信号分别提取其关键特征量值，进而代入用于缺陷深度量化的人工神经网络中，得到对应的缺陷深度。

为了验证所提出的基于三维漏磁信号等效处理的缺陷深度估计方法的有效性，以 30mm×30mm×2mm 凹坑缺陷为例，当其数据处理区域包含不同比例的缺陷三维漏磁信号时，对信号进行等效处理，并利用人工神经网络，求得各阶段的缺陷深度，统计得到实时扫查过程中对缺陷深度估计的误差变化曲线如图 5-115 所示。

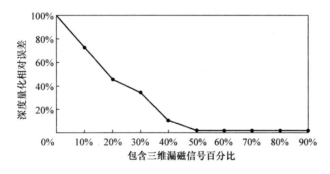

图 5-115 30mm×30mm×2mm 凹坑缺陷包含不同比例三维漏磁信号的深度量化误差

从图 5-115 可以看出，随着获取漏磁信号比例的逐渐增加，量化得到缺陷深度的误差逐渐减小。当信号获取比例达到 50% 后，可以利用已知信号获取全部的缺陷三维漏磁信号关键特征量值，深度量化的误差也不再改变。以上结果表明，当获取到 50% 的缺陷漏磁信号时，缺陷深度估计已达到较高的精度，即该方法可用于对不完整信号下凹坑缺陷的深度进行有效的估计。

图 5-116、图 5-117 分别给出了 40mm×20mm×2mm 水平沟槽缺陷、20mm×40mm×2mm 切向沟槽缺陷，在数据处理区域包含不同比例的缺陷三维漏磁信号时，采用等效的缺陷完整三维漏磁信号，得到的实时显示过程中缺陷深度估计的误差变化曲线。

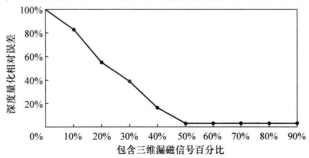

图 5-116 40mm×20mm×2mm 水平沟槽缺陷包含不同比例三维漏磁信号的深度量化误差

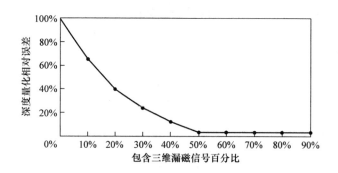

图5-117　20mm×40mm×2mm切向沟槽缺陷包含不同比例三维漏磁信号的深度量化误差

由图5-116、图5-117给出的特性曲线可知，与凹坑缺陷相似，对水平沟槽缺陷与切向沟槽缺陷的不完整三维漏磁信号进行等效处理后，量化得到的缺陷深度误差随着采集到信号比例的增大而逐渐减小。当信号比例达到50%时，即获得了较高准确度的缺陷深度量化结果。这验证了基于信号等效处理的缺陷深度估计方法在用于水平沟槽缺陷与切向沟槽缺陷的深度量化同样可行。

3. 不完整信号下的缺陷实时显示

在得到不完整信号的缺陷边沿识别结果与深度估计结果后，针对三种不同的缺陷给出具体的缺陷实时显示方法。

由于对凹坑、水平沟槽、切向沟槽这三种缺陷所采用深度估计的人工神经网络并不相同，在对缺陷深度进行估计时，首先应对缺陷的种类进行判断。由于在获取缺陷三维漏磁信息较少的情况下，存在不能通过已知信号对缺陷种类进行判断的情况，提出了一种在不同的缺陷三维漏磁信号信息量时对缺陷进行判断并显示的方法。

对于缺陷种类的判断，是随着检测器的行进而不断更新的，图5-118给出了具体的缺陷判断显示流程图。当数据处理区域内第一次出现识别到的缺陷边沿，即数据处理区域内仅有最后一列数据包含缺陷边沿时，开始以凹坑缺陷对缺陷深度进行估计并进行缺陷显示。随着数据处理区域内边沿点的增加，当有连续三列缺陷的边沿信息不在切向方向上扩展后，则认定该缺陷不是凹坑缺陷，转而以切向沟槽缺陷对缺陷深度进行估计并对缺陷进行显示。直到

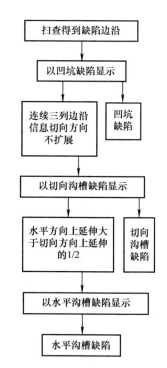

图5-118　不完整信号下缺陷实时显示过程中的判断显示流程

缺陷边沿在水平方向的延伸大于其在切向方向上延伸的1/2后，认定该缺陷为水平沟槽缺陷，转而以水平沟槽缺陷对缺陷深度进行估计并对缺陷进行显示。

在已知缺陷边沿与缺陷深度后，按照不同的缺陷类型，分别求取缺陷的轮廓。

（1）凹坑缺陷的轮廓　对于凹坑缺陷，在获得了缺陷边沿与深度值后，通过求解缺陷所在的球面得到缺陷的轮廓。图 5-119 所示为求解缺陷所在球面的相关参数示意图，其中 h 为缺陷的深度，a 为缺陷边沿曲线两端点之间的距离，b 为边沿曲线中心到其两端点中心的距离。基于以上参数，可以求出边沿曲线所在的圆的半径 r，即

$$r = \frac{b}{2} + \frac{a^2}{8b} \tag{5-87}$$

进而求出缺陷所在球面的圆心 O 的位置与半径 R，即

$$R = \sqrt{r^2 + \left(\frac{rb}{h} - \frac{b^2}{2h} - \frac{h}{2}\right)^2} = \sqrt{\left(\frac{b}{2} + \frac{a^2}{8b}\right)^2 + \left(\frac{a^2}{8h} - \frac{h}{2}\right)^2} \tag{5-88}$$

由圆心 O 的位置与半径 R 即可求出球面，进而求得缺陷的轮廓。

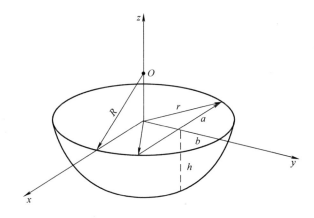

图 5-119　凹坑缺陷所在球面相关参数求解示意

图 5-120 给出了凹坑缺陷实时显示结果示意图，其中图 5-120a 所示为缺陷三维漏磁信号少于 50% 时的显示结果，图 5-120b 所示为缺陷三维漏磁信号多于 50% 时的显示结果。

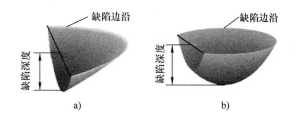

图 5-120　凹坑缺陷实时显示结果示意图

a）缺陷三维漏磁信号少于 50%　　b）缺陷三维漏磁信号多于 50%

（2）水平沟槽缺陷和切向沟槽缺陷的轮廓　对于水平沟槽缺陷与切向沟槽缺陷，在获得缺陷边沿与深度值后，直接按矩形缺陷进行显示。图 5-121a 与图 5-121b 所示分别为水平沟槽缺陷与切向沟槽缺陷的显示结果示意图。

采用本书提出的显示方法，在求解得到的缺陷边沿与深度的基础上，对不完整凹坑、水

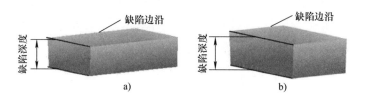

图 5-121　水平沟槽缺陷与切向沟槽缺陷实时显示结果示意图

a) 水平沟槽缺陷　b) 切向沟槽缺陷

平沟槽、切向沟槽缺陷进行实时显示。

　　为了验证所提出的不完整信号下凹坑缺陷显示方法的可行性，图 5-122 与图 5-123 针对 30mm×30mm×2mm 凹坑缺陷，给出了已知 10%、30%、60%、90% 缺陷三维漏磁信号时的实际缺陷图与缺陷实时显示结果。

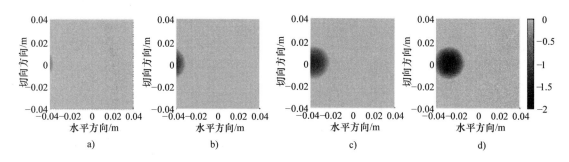

图 5-122　实际的 30mm×30mm×2mm 凹坑缺陷

a) 10% 缺陷漏磁信号　b) 30% 三维漏磁信号　c) 60% 三维漏磁信号　d) 90% 三维漏磁信号

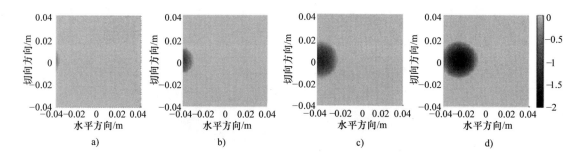

图 5-123　30mm×30mm×2mm 凹坑缺陷实时显示结果

a) 10% 三维漏磁信号　b) 30% 三维漏磁信号　c) 60% 三维漏磁信号　d) 90% 三维漏磁信号

　　以上结果表明，采用不完整信号下凹坑缺陷显示方法，可以在已知不同比例的缺陷三维漏磁信号时，对缺陷的相应部分进行实时显示。同时，比较实际缺陷与实时显示的缺陷可知，各比例缺陷三维漏磁信号下实际缺陷轮廓结果与实时显示的缺陷轮廓结果基本一致，验证了不完整三维漏磁信号下缺陷的量化与实时显示方法的可行性。

　　图 5-124 与图 5-125 分别给出了 40mm×20mm×2mm 水平沟槽缺陷在已知 10%、30%、

60%、90% 缺陷三维漏磁信号情况下的实际缺陷图与缺陷实时显示结果，图 5-126 与图 5-127 则给出了 20mm×40mm×2mm 切向沟槽缺陷在已知 10%、30%、60%、90% 缺陷三维漏磁信号情况下的实际缺陷图与缺陷实时显示结果。

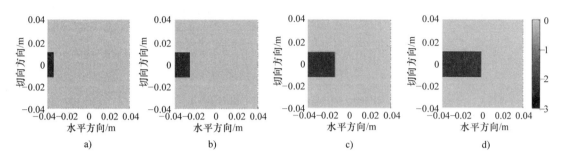

图 5-124　实际的 40mm×20mm×2mm 水平沟槽缺陷

a）10% 三维漏磁信号　b）30% 三维漏磁信号　c）60% 三维漏磁信号　d）90% 三维漏磁信号

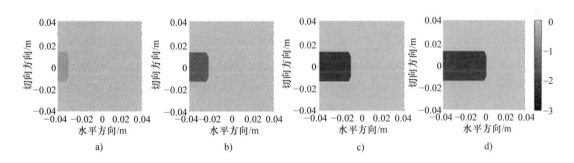

图 5-125　40mm×20mm×2mm 水平沟槽缺陷实时显示结果

a）10% 三维漏磁信号　b）30% 三维漏磁信号　c）60% 三维漏磁信号　d）90% 三维漏磁信号

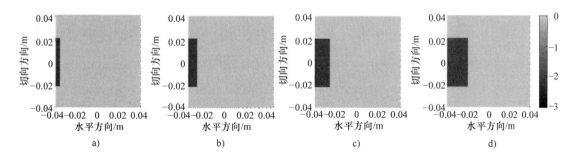

图 5-126　实际的 20mm×40mm×2mm 切向沟槽缺陷

a）10% 三维漏磁信号　b）30% 三维漏磁信号　c）60% 三维漏磁信号　d）90% 三维漏磁信号

以上结果表明，采用所提出的显示方法，可根据检测得到的缺陷边沿与深度实现水平沟槽与切向沟槽缺陷的实时显示，结果达到了预期的目标。并且对比实际缺陷与缺陷实时显示结果可知，不同缺少比例缺陷三维漏磁信号下的实际缺陷轮廓与实时显示的缺陷轮廓吻合度均较高。

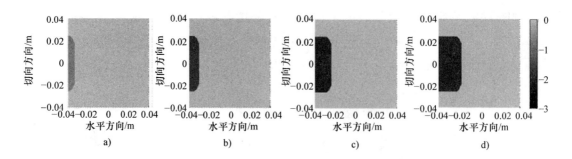

图 5-127 20mm×40mm×2mm 切向沟槽缺陷实时显示结果

a）10%三维漏磁信号 b）30%三维漏磁信号 c）60%三维漏磁信号 d）90%三维漏磁信号

第6章 漏磁检测的典型应用

6.1 油气管道漏磁检测

钢管作为工程材料或器件已广泛应用于我国石油石化工业生产和基础建设项目当中。随着社会生产建设的迅猛发展，钢管的生产和需求不断增长，其生产效率也迅速提高。目前，根据美国石油协会（API）及中国国家标准要求，所有钢管在出厂之前必须进行100%的无损检测。

常规的无损检测方法有磁粉检测（MPI）、渗透检测（PT）、射线检测（RT）、涡流检测（ECT）、漏磁检测（MFL）及超声检测（UT）等。磁粉与渗透检测效率较低，多为人工手动配合得以完成；射线具有辐射性，金属无损检测应用不多；超声、涡流及漏磁检测在金属无损检测的应用较多，但涡流检测方法由于趋肤效应而只能检测表面或近表面伤，且与超声检测一样存在激励与检测频率之间的匹配扫描速度难以提高的问题；漏磁检测作为一种高效而强有力的无损检测技术，已广泛应用于各种铁磁性材料的检测，特别是在细长铁磁性构件（如钢管）的快速自动检测生产线上具有显著的优势。目前，在全世界范围内钢管的快速无损检测方法与设备中，漏磁检测技术与相应的设备所占比例超过80%。

6.1.1 连续油管漏磁检测

漏磁检测中要求磁场方向与裂纹走向间的夹角大于30°，该裂纹才能够被激发出足够的漏磁场，这也就是常规漏磁检测中伤的垂直磁化理论。连续油管漏磁无损检测标准中，按照裂纹相对于连续油管的走向将裂纹分为：轴向裂纹（即轴向）和横向裂纹（即周向）。轴向裂纹平行于连续油管轴向，横向裂纹沿连续油管的周向。

磁化矢量与裂纹走向的正交磁化检出性可描述为

$$f(x,y,z,t) \cdot f(c,l,z) = \begin{cases} 1 & \text{易检测} \\ 0 & \text{难检测} \end{cases} \tag{6-1}$$

其中，$f(x,y,z,t) = \sum \hat{e} f_i(x,y,z,t)$ 为直角坐标里磁场矢量场；$f_i(x,y,z,t)$ 为矢量场 $f(x,y,z,t)$ 在坐标轴 i 上的投影；$f(c,l,z)$ 为裂纹形状所决定的走向。

基于正交磁化检测理论，漏磁无损检测中形成了连续油管轴向磁化检测横向裂纹和周向磁化检测轴向裂纹的基本检测形式和无损检测设备结构。

连续油管的轴向磁化通常采用穿过式磁化线圈，如图6-1所示。

连续油管轴向磁化检测横向（管道周向）裂纹的具体实施较为简单，检测时的相对扫查运动也只需要轴向直线运动方式。而对于连续油管周向磁化检测纵向（管道轴向）伤的实施则较为复杂，其磁化方式通常采用周向磁化极对实现，如图 6-2 所示。在两磁极正对的管壁中央区形成均匀的磁场，对该区域内（*DZ* 或 *DZ'*）的轴向裂纹激发漏磁场。在磁极正对的管壁处形成的磁化非均匀且磁力线方向也不一致，不可能激发出合适的漏磁场，所以该区域为轴向裂纹检测的盲区。

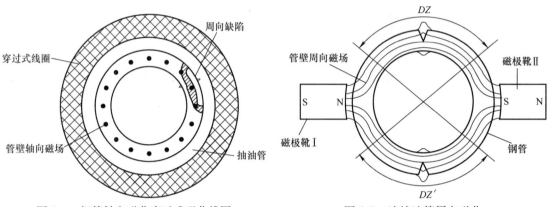

图 6-1　钢管轴向磁化穿过式磁化线圈　　　　图 6-2　连续油管周向磁化

轴向裂纹检测探头最好布置于两磁极正对的管壁中央区的轴剖面上，为此，检测探头与连续油管之间实现相对螺旋扫查才能达到无盲区的检测。所以，为了完成连续油管上任意走向裂纹的全面检测，通常需要两种独立的检测单元：周向伤检测单元和轴向伤检测单元。检测探头与连续油管的相对螺旋扫查运动有两种组合形式：①探头静止，连续油管做螺旋推进；②轴向伤检测单元的磁化器与检测探头一起旋转，连续油管做直线运动，分别如图 6-3a、b 所示。

这两种相对螺旋扫查方式均限制了无损检测速度的提高，不适应直行速度大于 2.5m/s 的高速或超高速无损检测。另外，有些构件本身不能做螺旋运动（如连续油管、直线焊管线等）或工作中不能穿过回旋的旋转探头（如在用的连续油管），也不能采用上述运动形式。

传统的漏磁检测理论认为，连续油管轴向磁化只能激发出其上周向伤的漏磁场，而对平行于轴向的纵向裂纹则无能为力。倘若单一轴向磁化能够激发出连续油管上轴向裂纹的漏磁场并可被圆环式检测探头探测，则可实现在单一轴向磁化下的各向裂纹检测，这样检测装备结构得到了简化，同样能够满足高速无损检测的要求。

组建如图 6-4 所示的试验装置，对单一轴向磁化下轴向裂纹检测进行可行性验证。选用长为 2000mm 的 φ73mm（壁厚为 5.5mm）油管作为试验样管，并在其上等距离地制作出宽为 0.5mm、深 0.5mm，长分别为 6mm、12mm、25mm、37mm、50mm 及 100mm 的轴向人工刻槽。为了与周向伤进行对比，也另外制作了 0.5mm × 0.5mm × 25mm 的周向人工刻槽。采用匝数为 3000 的穿过式线圈对上述样管进行局部轴向磁化，另外用检测线圈及高斯计靠近人工刻槽经过处，用以拾取漏磁场。与此同时，类似于上述试验装置建立有限元模型进行数值模拟，其中线圈单元为 36，其他为 53。通过对应增大安匝数来调节励磁强度。

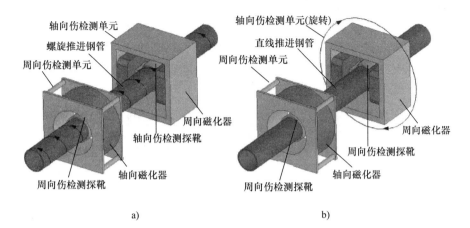

a)　　　　　　　　　　　　b)

图 6-3　连续油管漏磁检测方法

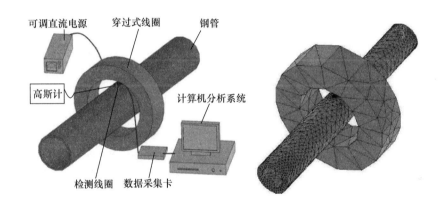

图 6-4　连续油管单一轴向磁化检测轴向伤试验装置示意图及磁化仿真

　　试验时，油管以恒定直线速度移动通过固定不动的穿过式磁化线圈和磁敏元件。通过 4 个 60V、30A 可调直流电源对磁化线圈提供可调电流，逐渐加大电流以增大磁场。在每个磁化阶段，记录检出信号及采用高斯计直接测量的漏磁场值。在试验与仿真过程中，获取人工刻槽漏磁场的轴向和径向分量，并进行矢量求和，形成离散数据样点，采用 B 样条曲线对所得离散数据样点进行拟合处理，研究纵向、周向人工刻槽的检出漏磁场与磁场强度的关系。

　　结果表明：随着连续油管中单一轴向磁化强度的不断增大，当管道内磁感应强度超过 1T 时，轴向刻槽产生信噪比较高的缺陷漏磁，形成了可观测检出信号，如图 6-5 所示。其中图 6-5a 所示为连续油管上人工轴向刻槽，图 6-5b、c 所示分别为轴向刻槽漏磁感应强度的轴向和径向分量检出信号。

　　另外，连续油管轴向伤长度的极限为轴向全部贯通，对此特地制作了通长轴向裂纹，在采用轴向方向运动扫查时，无检出信号；但沿着连续油管周向扫查时，可检测到漏磁场信号，如图 6-6 所示。贯穿型（连续油管全长贯通）的轴向伤也存在着可检测的漏磁场，当

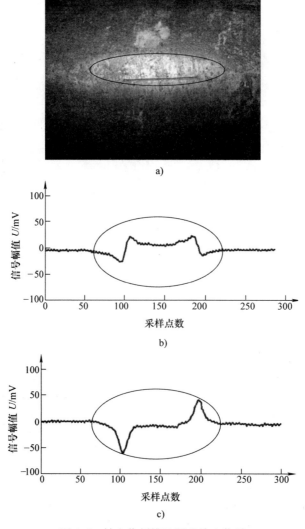

图 6-5　轴向伤刻槽及漏磁检出信号

a) 连续油管上人工轴向刻槽　b) 轴向刻槽的轴向分量检出信号　c) 轴向刻槽的径向分量检出信号

连续油管圆周方向上布置磁敏元件时，对相邻阵列元件上漏磁感应强度值进行周向比较可获得这一信号。

在漏磁检测中，连续油管上周向刻槽和孔的检出信号在形状上相似，均为单峰或正负双峰特征。轴向刻槽实质上为多个孔沿着连续油管轴向的扩展。图6-7 所示的信号曲线 1 ~ 7 分别为宽 0.5mm、深 0.5mm、长 25mm 的周向刻槽及宽 0.5mm、深 0.5mm、长分别为 6mm、12mm、25mm、37mm、50mm 和

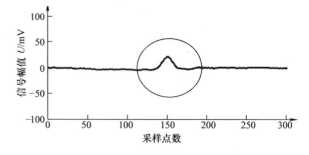

图 6-6　连续油管贯穿型轴向裂纹周向扫查检出信号

100mm 的轴向刻槽检出信号。

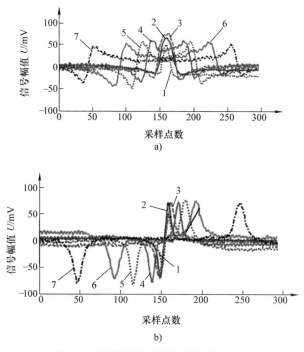

图 6-7　不同长度刻槽漏磁场检出信号

a) 不同长度刻槽的轴向分量漏磁场检出信号　b) 不同长度刻槽的径向分量漏磁场检出信号

从图 6-7 中可以看出，随着轴向刻槽长度的增大，径向分量所形成的正负双峰信号的峰峰跨距逐渐拉大，离散成形状上相似的多个单峰特征信号，难以逐一将同一刻槽的正负波峰信号对应起来；而轴向分量却在形状上有着较大的差异：轴向刻槽"矮而宽"，呈矩形状；周向刻槽"高而窄"，呈单峰状。轴向与周向刻槽检出信号的这些特征的转化，主要是伤在轴向上长度变化所致。

漏磁检测的工程应用主要依靠信号的幅值来判定伤的量级，对于损伤当量相同的轴向、周向伤在信号幅值上存在差异，所以为了实现轴向、周向刻槽的一致判别，有必要对轴向、周向刻槽的检出信号进行幅值归一化处理。

依据轴向、周向刻槽的检测信号特征，将测量轴向分量漏磁场的磁敏元件沿连续油管轴向阵列布置，扫查周向刻槽时，输出信号均存在着时间的交错性，对每个磁敏元件叠加求和后信号幅值不会增大；但当扫查轴向刻槽时，在同一时间段内可能有多个元件同时覆盖于轴向伤上方，均有缺陷检出信号，可将该若干磁敏元件的输出值进行求和，则会增大其信号幅值，同时轴向刻槽越长，叠加次数越多，这样就可弥补轴向刻槽长度越长，检出信号幅值越小的问题。为了减少磁敏元件的个数，也可通过采取先对轴向、周向刻槽进行识别，再进行单独补偿的方法实现归一化判断。依据周向刻槽信号"轴向窄、周向宽"及轴向刻槽信号"轴向宽、周向窄"的形状特点，漏磁场的空间布局也相应地具有该特征，所以进行轴向和周向元件阵列布局如图 6-8 所示。

当阵列元件扫查到周向刻槽时，周向阵列点具有幅值的重叠性，而轴向阵列点却具有幅值的时间交错性；与之相反，扫查轴向刻槽时，轴向阵列点具有幅值的重叠性，而周向却具有幅值的时间交错性。所以，对上述阵列进行数值重叠性与交错性的处理为

$$\begin{cases} V_{nm} + V_{(n+1)m} = 2V_{nm} = 2V_{(n+1)m} \\ V_{nm} + V_{n(m+1)} = 2V_{nm} = 2V_{n(m+1)} \end{cases}$$

$$(6-2)$$

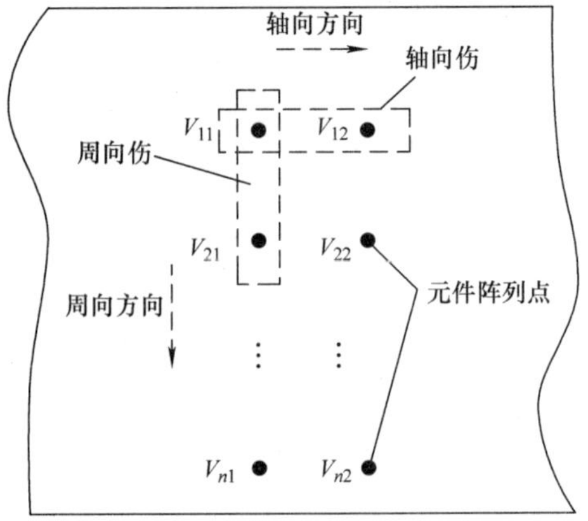

图 6-8　元件阵列轴向、周向刻槽识别原理

$$\begin{cases} V_{nm} + V_{n(m+1)} = 2V_{nm} = 2V_{n(m+1)} \\ V_{nm} + V_{(n+1)m} = V_{nm} \end{cases} \qquad (6-3)$$

式中，$n = 1, 2, 3, \cdots, N$；$m = 1, 2$。

可知，当式（6-2）成立时，判断为周向刻槽的检出信号；当式（6-3）成立时，判断为轴向刻槽的检出信号。对轴向、周向刻槽加以识别后，可对轴向刻槽进行一定系数的增大补偿或周向刻槽的减小补偿来实现其损伤当量的一致判别。

与单一轴向磁化的漏磁检测技术相对应的漏磁检测系统主要由单一穿过式磁化线圈、检测探靴组件及定位辅助构成。其中，漏磁检测探靴组件为若干具有浮动功能的环状探靴交错布置，形成全待检测面的覆盖扫描范围，且布置于磁真空屏蔽罩内，待检细长构件（如连续油管或钢板）直线前进时即可完成高速无损检测。基于单一轴向磁化漏磁检测技术的连续油管高速漏磁检测系统如图 6-9 所示。

图 6-9 所示检测系统在使用中有着较好的检测效果，该系统检测到的长为 30mm 的 N5（深度为

图 6-9　基于单一轴向磁化漏磁检测技术的连续油管高速漏磁检测系统

管壁厚的 5%）人工周向、轴向刻槽的检出信号分别如图 6-10a、b 所示。由图 6-10 可以看出，轴向刻槽通过信号补偿最终达到了与周向刻槽接近的检出信号幅值。

6.1.2　长输油气管道漏磁内检测

长输油气管道缺陷检测一般采用漏磁内检测方式，检测器在管道内随传输介质油、气驱动前行，一次检测最多几百公里，存储记录管道磁数据和各种非磁数据。检测完成后，将检测器从管道取出，通过专用检测数据分析专家系统软件分析检测数据，获得管道缺陷信息。下面以 40in（1in = 0.0254m）高清晰度油气管道漏磁内检测器为例介绍长输油气管道漏磁

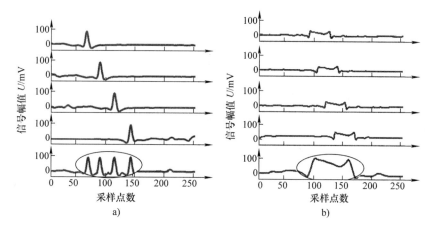

图 6-10　基于单一轴向磁化的周向、轴向刻槽检出信号

a）周向刻槽检出信号　b）轴向刻槽检出信号

内检测的实现方式。

图 6-11 所示为管道漏磁内检测器的结构示意图。检测器由前后两节构成，两节之间用铰链连接，适合通过管道弯头。检测器每节含有两个驱动皮碗，在检测器第一节，由钢刷将高强度永磁体产生的磁场沿管道轴向饱和磁化管道，位于钢刷之间，沿管道周向排列有 400 个霍尔探头用于检测缺陷漏磁信号。检测器第二节沿管道周向装有 400 个 IDOD 探头，用于区分管道内、外壁缺陷；同时，第二节也是电池节

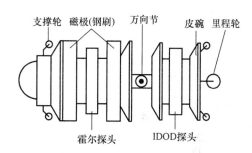

图 6-11　管道漏磁内检测器的结构示意图

和电子包节。除了 800 个磁探头外，检测器还装有时间、温度、压力和加速度等非磁传感器，用于测量管道内环境参数、检测器位置和管道走向。在检测器尾部装有里程轮，用于触发磁检测数据等间隔采集。检测器前进过程中，在里程轮触发下进行磁数据的等间隔采样。所采集的数据都记录在检测器电子包内，这些原始数据在检测器运行完毕后导出到计算机中进行分析处理。电子包中记录的原始数据包括磁数据和非磁数据两种，检测器每前进 1m 采集磁数据 300 个扫描（SCAN），故每个扫描对应的检测器前进距离是 3.33mm；非磁数据每 0.1m 采集一次。采集数据按字节流进行存储，各数据段之间以约定好的标志位进行分隔。

高清晰度检测器通道数量多，采样间隔小，因此，可以获得更高的缺陷分辨率和更准确的量化精度。但是同中低清晰度检测器相比，高清晰度检测器检测数据量要大数十倍，如何快速处理这么大量的检测数据，并给出管道腐蚀情况的检测报告是一个不可回避的问题。这么大量的检测数据不能采用完全通过数据分析人员人工分析的办法来分析检测结果，为此，需要检测数据分析专家系统软件。该软件可以自动完成检测数据的导入、缺陷量化、管道安

全评估等工作，从而减轻了数据分析人员的工作强度，提高了工作效率。

在数据分析系统中，首先设置检测参数，然后根据这些参数值读取保存好的字节流文件并自动进行适当的分析，这一过程称为数据导入和自动分析。该过程集中了数据分析软件的主要算法，包括识别焊缝、划分管筒、识别管道壁厚，然后进行缺陷的识别和量化，确定腐蚀缺陷的尺寸，将这些数据保存到后台数据库中，以供后面的曲线图显示和人工分析过程使用。

专家系统中采用了与传统方法不同的多变量综合量化法，即考虑了缺陷三维尺寸与漏磁场特征之间复杂的多变量函数关系，从而获得了较高的量化精度，并且能够适应各种形状复杂和不规则的缺陷，满足了实际检测的需要。在通过量化分析得到缺陷长度、宽度和深度等外形参数之后，专家系统利用管道剩余强度评估理论，根据当前的金属损失面积确定腐蚀所造成的管道性能损失程度。

自动分析过程不需要用户干预，其结果以友好直观的形式显示在图形界面上，有曲线图、C-SCAN 图和三维图三种显示方式，曲线图包括磁数据曲线、缺陷框、环焊缝框等各种信息，如图 6-12 所示。针对数据量大的特点，软件设计了显示缩放功能和自动滚屏功能，方便用户浏览检测结果。

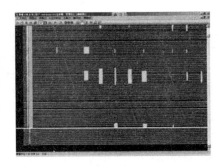

图 6-12 检测器数据分析软件界面

对自动分析结果，数据分析软件可以通过人工分析功能对不正确之处进行改进，这部分功能是数据分析系统的重要组成部分。另外，数据分析软件系统还为用户提供了"数据库查询""生成 Excel 报告""生成 Word 报告"和"数据导出"等多个工具。使用"数据库查询"工具，可以根据用户给出的里程及缺陷长度、宽度、深度范围查询满足条件的缺陷，或者统计非金属损失异常、直焊缝和螺旋焊缝数目、位置信息等。"生成 Excel 报告"工具则可以根据用户需求，建立包含各种统计信息的 Excel 文档。"生成 Word 报告"工具可以根据检测结果和设定模板自动生成检测报告。通过"数据导出"工具，可以将 SQL Server 数据库表转换成 Access 数据库表格。

油气管道缺陷高清晰度内检测器制造完成后，需要进行牵拉试验（图 6-13）考察其性能指标，试验结果表明检测器主要性能指标如下：

1）探头间距：6.9mm。

2）最大检测距离：350km。

3）壁厚范围：≤32mm。

4）最大压力：14MPa。

5）速度范围：0.5~7m/s。

6）温度范围：-10~70℃。

7）最小孔径：859mm。

8）最小弯头：1.5D（D 为管道直径）。

9）最小缺陷深度：5% ~ 10% 壁厚。

10）测量精度：±10% 壁厚。

11）轴向定位精度：±1‰最近参考点。

12）周向定位精度：±5°。

13）可信度水平：>80%。

图 6-13　检测器牵拉试验

6.2　储罐底板漏磁检测

6.2.1　储罐底板局部磁化的三维有限元分析

储罐底板的漏磁场检测关键在于厚壁板的磁化。因为不可能将面积很大的板都磁化，在此采用局部磁化的方式，在有限的面积内磁化底板。

根据储罐底板局部磁化的特点，采用三维有限元方法研究不同条件下钢板局部区域的磁场分布情况以及局部磁化下的漏磁场与缺陷之间的关系。

储罐底板漏磁检测的磁路结构如图 6-14 所示，励磁装置的基本结构如 U 形。3D 有限元模型的计算采用 ANSYS 软件。有限元模型建立包括励磁结构的确定、材料的选择、单元类型的选定、网格的划分以及求解方法的选择等。

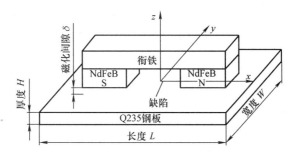

图 6-14　储罐底板漏磁检测的磁路结构示意图

励磁的磁源采用永久磁铁。计算模型中永久磁铁选用 NdFeB（N35）稀土永久磁铁，选定磁铁的相对磁导率 $\mu_r = 1.0524$，性能见表 6-1。

表 6-1　NdFeB（N35）稀土永久磁铁性能

等级	剩磁 B_r/T		矫顽力 $H_{cb}/(kA/m)$		内禀矫顽力 $H_{cj}/(kA/m)$	最大磁能积 $(BH)_{max}/(kJ/m^3)$		工作温度 $T/℃$
	min	max	min	max	min	min	max	max
N35	1.16	1.22	756	836	836	263	310	80

衔铁选用 Q235 低碳钢板。三维有限元模型的计算量很大，为缩短计算时间，利用模型的对称性，通常只需计算 1/4 的实体模型。由于钢板局部是被饱和磁化的强场磁体，模型采用基于单元边法（Magnetic Edge Element）的三维静态磁场分析。划分网格单元为 SOLID117，该单元最多有 20 个节点。求解器选用 Sparse 求解器。有限元计算模型中，励磁装置的尺寸和磁化间隙保持不变，见表 6-2。

表 6-2　三维有限元模型结构尺寸

组件	尺寸/mm
NdFeB 永磁体	长：80，宽：60，厚：20
衔铁	长：140，宽60，厚：40
磁化间隙	0
钢板	长：350
	厚：8，10，12，16，20
	宽：200，300，400，600，800，1000

图 6-15 所示为储罐底板厚度为 10mm，底板宽度分别为 200mm、300mm、400mm、600mm、800mm 和 1000mm 时，有限元分析计算结果。

图 6-15 的结果显示了储罐底板内沿中心并垂直于磁化方向的 1/2 宽度范围内的磁感应强度 B_x 分布。结果表明，中心位置的磁感应强度最大，沿中心向两边磁感应强度逐渐减弱。当储罐底板宽度为 200mm 时，整个区域都被磁化到饱和状态，两边沿的磁感应强度与中间相差不到 1%。当储罐底板宽度为 300mm 时，虽然各位置仍然接近于饱和状态，但外边沿相对中心处最大值衰减了 20% 以上，磁感应强度沿中心向两边递减的趋势明显。当储罐底板宽度大于 400mm 时，磁感应强度沿中心向两边下降的速度更快，只有中心处接近饱和；当储罐底板宽度大于 800mm 时，边沿的磁感应强度几乎接近 0。当储罐底板宽度大于 600mm 时，不同储罐底板宽度下，相同位置上的磁感应强度几乎是相等的，不再随宽度的增加而减小，中心处的最大值在 1.2T 以上。

由上述的计算结果可以得出以下结论：

1）即使在储罐底板宽度为无限大的情况下，局部区域仍然可以被磁化到饱和。

2）对面积不同的储罐底板，当宽度足够大时，局部区域内的磁化状态基本保持不变，

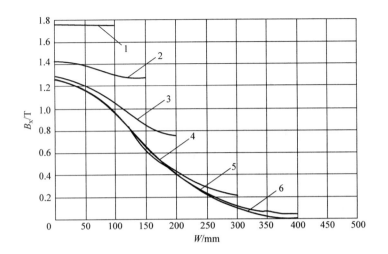

图 6-15 不同储罐底板宽度下的磁感应强度水平分量分布

1—宽度 200mm 2—宽度 300mm 3—宽度 400mm 4—宽度 600mm 5—宽度 800mm 6—宽度 1000mm

这说明不同面积的储罐底板检测时具有相同的灵敏度。

当储罐底板的厚度发生变化时，储罐底板内部磁场的分布情况将发生变化。图 6-16 给出了储罐底板厚度分别为 8mm、10mm、12mm 和 16mm 时其内部磁感应强度水平分量 B_x 的分布情况。有限元模型尺寸为：储罐底板长 350mm，宽 800mm，永久磁铁尺寸为 80mm × 80mm × 20mm，磁化间隙为 0。

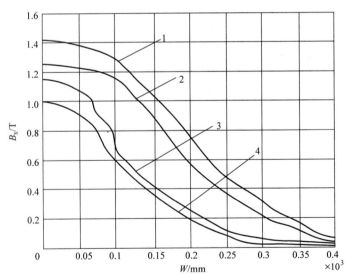

图 6-16 不同储罐底板厚度下的内部磁感应强度水平分量分布

1—8mm 2—10mm 3—12mm 4—16mm

图 6-16 所示结果显示，储罐底板厚度的增加导致其内部局部区域磁感应强度显著减小。钢板局部区域内的磁场由饱和逐步转为不饱和，这说明采用同一励磁装置励磁时，被测材料的厚度是影响磁化性能的重要因素，在一定的检测精度下，钢板的厚度应该有一个限定范

围。范围的大小与励磁装置性能和被测材料有关。

6.2.2　储罐底板漏磁检测系统结构

储罐底板漏磁检测系统的总体结构如图 6-17 所示。该系统包括：传感器子系统（含励磁装置和漏磁场检测装置）、信号预处理和数据采集子系统、信号分析子系统及电源子系统等。储罐底板漏磁检测系统的外形如图 6-18 所示。

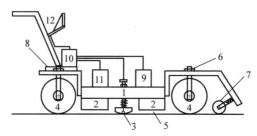

图 6-17　储罐底板漏磁检测系统总体结构图

1—衔铁　2—永久磁铁　3—霍尔元件与聚磁器　4—导轮　5—气隙　6—调节螺栓　7—光电编码器
8—锁定销　9—直流电源　10—数据采集板　11—报警装置　12—便携机

图 6-18　储罐底板漏磁检测系统的外形

6.2.3　储罐底板漏磁检测传感器

储罐底板漏磁检测系统的自重是传感器设计时需要考虑的问题。最大限度地减小装置的质量是仪器实际应用的需要。

储罐底板漏磁检测传感器选用霍尔元件，垂直放置，测量漏磁场的水平分量。霍尔阵列的排列方式及单个检测单元如图 6-19 所示。霍尔元件阵列要保证扫描区域无漏检，并可通过两个检测元件输出信号进行差分处理，达到消除背景噪声的目的。其中聚磁片的作用是将磁场导向霍尔元件，提高缺陷漏磁场测量的灵敏度。聚磁片的结构根据不同的检测目的而不同。

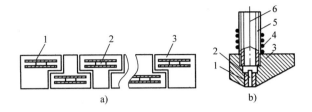

图 6-19　霍尔元件阵列

a）霍尔元件的排列方式　b）单个检测单元

1—聚磁片　2—霍尔元件　3—基座　4—弹簧　5—导管　6—导线

在传感器的设计中，应有效确保检测探头和钢板表面间的间隙恒定。本检测装置采用弹簧压迫检测单元紧贴钢板表面。由于传感器在检测中移动时可能遇到一些障碍，弹簧的浮动以及检测单元的 V 形结构能使传感器顺利通过。

6.2.4　储罐底板漏磁检测系统软件

储罐底板漏磁检测系统软件的功能图如图 6-20 所示。软件系统分为在线检测和离线分析两个主要部分。

在线检测部分主要包括参数设置，信号实时采集以及缺陷的定性判断等功能。其中参数设置包括采集程序的参数设置、缺陷定性判断的阈值设置以及被测储罐底板的材料、厚度的参数设置等。实时采集部分包括：从 FIFO 中读取数据，实时显示采集信号，并保存采集的信号，为离线分析做准备。缺陷定性判断部分则主要根据设置的阈值，判断采集的信号幅值是否大于阈值：若是，则通知外设报警。缺陷

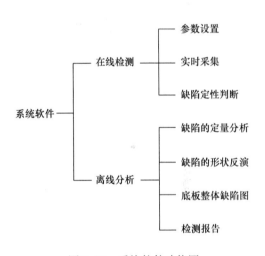

图 6-20　系统软件功能图

判断的具体方法是对报警区域信号幅值自动搜索波谷—波峰—波谷，将得到的两个峰峰值中的最大值与阈值相比较，大于阈值的即判断为"缺陷"。

离线分析部分主要包括缺陷的定量分析、缺陷的形状反演、储罐底板整体缺陷结果显示（缺陷图）以及检测报告等。缺陷的定量分析主要依据检测前的标定结果，由"缺陷"信号的宽度和幅值估算缺陷的等效宽度和等效深度等。缺陷的形状反演包括选定"缺陷"周围一定数据点的幅值作为测量值，采用反演算法对缺陷的形状轮廓进行评估。

首先要获取储罐底板尺寸，用 CAD 绘制整个储罐底板图，并将整个底板的钢板进行编号，编号方式如图 6-21 所示。点 O 为坐标参考原点，每块钢板选择一个端点作为相对坐标参考点，从而获取钢板上扫描点的坐标位置。对储罐底板进行检测时，每次检测单个钢板

块，依据检测信号和编码器的距离信息，软件定性判断
"缺陷"的存在及确定"缺陷"在该钢板的位置，再人
工打标。

在"缺陷"的大致区域，采用集成霍尔元件密集排
列方式（霍尔元件空间错位排列，相邻元件磁敏感区的
间隔为2mm）对打标的范围做进一步精确扫描，精确扫
描方式可以提高缺陷的分辨率。依据精确扫描信号进行
缺陷轮廓参数的反演评估。

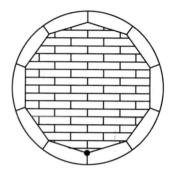

图 6-21　储罐底板扫描区域
软件显示分区编号方式

检测小车在检测时被磁吸力吸附在底板上，以一定
的速度沿储罐底板长度方向按规定检测路线扫描。相邻两次扫描之间要有10%左右的重叠
区域。所有单个钢板块检测完毕，将各块钢板的检测数据进行组合，生成储罐底板的整体缺
陷图。

检测报告主要包括检测结果报表的生成与打印。

6.2.5　储罐底板检测系统的测试

为了考核检测系统的基本性能，在实验室对检测系统进行一系列的性能测试和技术评
议，测试了检测系统在实验室条件下对人工模拟的腐蚀坑和腐蚀孔缺陷的定性和定量检测
能力。

图 6-22 所示为储罐底板检测系统实验室测试照片。模拟测试时，检测系统与在线检测
系统完全相同。检测的钢板材料为 Q235 低碳钢板，长为3m，宽为1.2m，厚度为10mm。与
实验室测试条件唯一不同的是，实际现场中的储罐底板是由许多钢板逐个焊接起来的，钢板
的整体尺寸要比实验室测试的钢板大得多。

图 6-22　储罐底板检测系统实验室测试照片

在测试样本上钻削出不通（通）孔用来模拟腐蚀坑（孔）缺陷。6 个腐蚀坑（孔）在
一条直线上，测试样本的尺寸如图 6-23 所示。

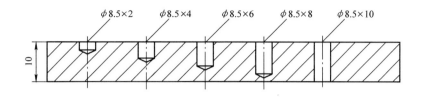

图 6-23　具有模拟腐蚀坑和模拟腐蚀孔的测试样本

在实验室对测试样本进行了数百次测试，各次测试结果的缺陷信号均清晰，重复性较好。图 6-24 所示为霍尔元件密集排列方式下测试样本各缺陷的典型检测信号。图 6-24a ~ e 分别为缺陷 $\phi8.5mm \times 2mm$、$\phi8.5mm \times 4mm$、$\phi8.5mm \times 6mm$、$\phi8.5mm \times 8mm$ 及 $\phi8.5mm \times 10mm$ 的典型检测信号。

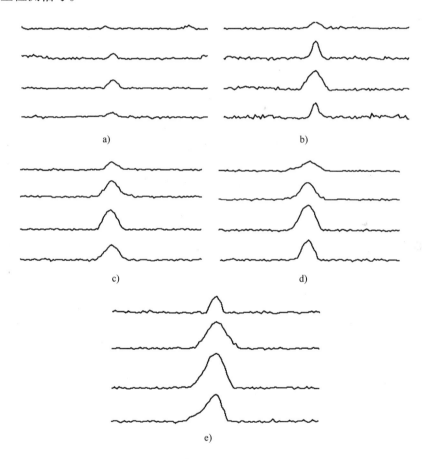

图 6-24　测试样本各缺陷的典型检测信号

a) $\phi8.5mm \times 2mm$ 的检测信号　b) $\phi8.5mm \times 4mm$ 的检测信号

c) $\phi8.5mm \times 6mm$ 的检测信号　d) $\phi8.5mm \times 8mm$ 的检测信号

e) $\phi8.5mm \times 10mm$ 的检测信号

图 6-24 虽只显示了四个相邻通道的检测信号，但检测结果显示出：各缺陷第三通道的

漏磁信号最大，两边相邻通道的漏磁信号逐次递减。下面对图 6-24 各缺陷信号进行提取。缺陷信号的提取方法为：①每通道缺陷检测信号相邻区域搜索最大值；②以最大值为中心，两边各选取 20 个点（光电编码器的采样间隔为 0.2mm/点，41 个点约为 8mm 范围）；③由测量点的电压幅值转换为磁感应强度大小：$B_i = (V_i - V_0)/(nG)$ $(i = 1, 2, \cdots, 41)$，其中，V_0 为 0 磁场下霍尔元件的输出电压，n 为硬件和软件的信号放大倍数积，G 为集成霍尔元件线性范围内的放大增益。利用提取缺陷信号的幅值和宽度选取反演的初始值，依据有限元反演模型进行缺陷参数的评估。可将各通道反演结果组合起来构成缺陷的整体轮廓。

测试结果表明，在实验室条件下，储罐底板缺陷检测系统可以很好地检测出 10mm 厚低碳钢板的 $\phi 8.5mm \times 2mm$ 的不通孔缺陷，检测系统具有较高的检测灵敏度。

6.3 在役拉索漏磁检测

6.3.1 在役拉索磁性无损检测技术的研究现状

磁性检测法应用于钢丝束类产品的检测，针对缺陷的不同特征，可分为两类方法：其一为通过检测钢丝束类产品表面局部缺陷漏磁信号，获取如断丝、局部形状异常等缺陷信息，简称 LF 型检测法（Localized Fault Method）；其二为通过检测磁路磁通量的变化，获取因腐蚀、断丝、磨损等缺陷而产生的钢丝束金属截面积变化信息，简称 LMA 型检测法（loss of metallic area method）。钢丝绳 LF 检测法采用了感应线圈、霍尔元件、磁通门技术、基于多元件组合的检测、基于聚磁技术的检测等漏磁检测方法来克服因钢丝绳结构给检测带来的干扰，提高缺陷漏磁检测灵敏度，防止漏检；在 LMA 方法中，通过选择检测元件的布置位置，来提高 LMA 信号的灵敏度和定性、定量分辨力。

LMA 型检测法中根据磁敏检测元件在磁回路中设置部位的不同，分为 LMA 主磁通检测法和 LMA 回磁通检测法，其中主磁通和回磁通分别指图 6-25 中进入钢丝束的主磁通 Φ_m 和流经励磁回路的回磁通 Φ_r。

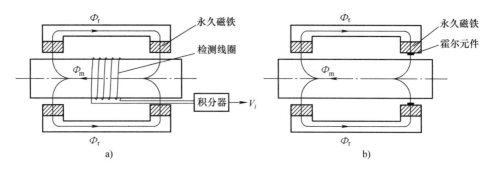

图 6-25　LMA 型检测法

a）LMA 主磁通检测法　b）LMA 回磁通检测法

LMA 主、回磁通检测法的原理是将钢丝束磁化至一定程度，钢丝束上的任何由腐蚀、断丝、磨损等缺陷引起的金属截面积变化，都会导致钢丝束的主磁通 Φ_m 及回磁通 Φ_r 相应地发生变化。当将一个同心线圈缠绕在钢丝束上时，变化的磁通量 Φ_m 会使线圈产生相应的感应电动势，当在磁回路中放置霍尔元件等磁敏传感器时，变化的磁通量 Φ_r 也会使霍尔元件输出电动势相应地产生变化，通过测量线圈和霍尔元件输出电动势的变化量即可获知钢丝束金属截面积的变化量。LMA 回磁通检测法由于仪器体积大、检测精度低，已逐步被淘汰。LMA 主磁通检测法在测量缺陷时轴向分辨率高，并能检测部分 LF 型缺陷，因此得到了广泛应用，但其检测结果受钢丝束与线圈之间的相对速度变化影响很大，影响了其检测精度。另外一种 LMA 型检测法是磁桥路检测法，通过搭建磁桥路避免回磁通检测法中霍尔元件易超量程的弊端，但由于采用多个磁路之间相互整合，为达到磁路的线性工作点，整个磁路的调整较复杂。

磁性无损检测方法的基本过程包括磁化被检测构件、采集包含缺陷信息的磁场信号、处理缺陷磁信号、分析缺陷参数和缺陷磁信号之间的关系以及缺陷参数的反演等。对构件被磁化后的磁场分布、缺陷磁信号特征进行深入研究，有助于剖析其检测原理，提高检测效果。该研究主要采用三种方法：解析法、数值计算分析法和实验法。

采用解析法了解磁场分布和磁信号特征，主要是应用毕奥 – 萨伐尔定律、安培环路定理、法拉第电磁感应定律等电磁场的基本规律建立磁路模型，求解相应的方程组，得到以函数形式表示的结果。以简化磁阻模型法为代表的近似解析法通常可用于复杂电磁检测问题。

对 LMA 检测法的研究多用简化磁阻模型法。简化磁阻模型法通过采用与电路计算类似的方式，对磁路进行计算来获取磁路中各磁参数。精确磁路计算时应考虑漏磁通的影响，但在简化磁阻模型中，认为铁磁材料的磁导率远远大于空气等非铁磁材料的磁导率而忽略漏磁通，只计算主磁通。虽然忽略漏磁通会对磁路计算结果造成一定误差，但并不影响对一些磁性检测原理的定性分析，并且如果能正确地修正漏磁通的影响，是能够将误差控制在可接受范围之内的。

对 LF 检测法的研究多用磁荷法。磁荷法的基本原理是以假想的磁荷代替缺陷处的铁磁材料，从而建立相应的磁偶极子模型，并将铁磁材料磁特性的非线性近似为线性。磁荷法的这种线性近似与实际状况存在较大差异，使结果误差较大，因此只能对检测问题进行定性的解释。磁荷法在钢丝绳断丝、钢管和钢板裂纹的漏磁检测研究中得到了广泛应用。

在相当长的一段时间内，由于易于被理解和掌握，基于简化磁阻模型法的磁路计算及基于磁偶极子模型的磁荷法等解析法是被较多采用的磁场分析计算方法之一。

数值计算分析法能解决解析法无法胜任的复杂电磁检测问题。它还可以方便地模拟各种实验条件，修改实验参数，制作各种复杂形状缺陷，比实验法有更好的便捷性。W. Lord 和 J. H. Hwang 指出，对于非线性和复杂形状缺陷漏磁场问题的求解，数值计算是唯一可行的方法。数值计算分析法在检测技术中的应用加深了研究者对各种检测机理的认识，加快了检测技术的发展。

数值计算分析方法分为微分方程法和积分方程法两大类。微分方程法主要包括有限差分法和有限元法，其中有限元法是应用最广泛的非线性领域数值算法之一；积分方程法主要包括体积分方程法和边界元法。近些年，已有许多有限元方法成功应用于钢丝绳、钢板、钢管、拉索等无损检测研究中的案例，如王桂兰等人用有限元方法分析钢丝绳捻制中的力学特性，Jiang W. G. 和 Anne Nawrocki 用有限元方法研究单捻钢丝绳的力学特性。虽然有限元方法已成功应用于磁性无损检测中，但也有其局限性。首先，采用有限元法的计算结果与实际问题的符合程度取决于研究人员在建模技巧、结果判别等方面的研究水平；其次，当电磁模型较复杂时，计算时间过长，特别是应用于三维模型的动态计算问题。

实验法一直是磁性无损检测的主要研究方法。通过大量有计划的实验，测量不同缺陷参数下的磁场分布，可以获取缺陷参数和磁场间的统计关系。实验法的优点是可以获得最直接的现实结果，也是最值得相信的结果。实验法的缺点首先是制作模拟缺陷困难，特别是制作构件内部缺陷；其次，实验结果受实验设备、操作人员的影响，存在一定的实验误差，且实验结果的可重复性难以保证；此外，实验需要花费大量的人力、物力、时间，因此实验的成本较大、研究周期较长。采用实验法进行磁性无损检测研究的相关文献有周强等人对钢丝绳漏磁通应力效应的研究，E. Kalwa 等人对钢丝绳检测中的感应线圈和霍尔效应传感器的研究。

在缺陷反演方面，应用较多的一种反演方法为基于模型法。该方法的基本思想是首先通过某种方式建立正问题模型，然后采用各种优化算法通过不断修改缺陷的相关参数并求解对应正问题，直至找到与检测信号相符的解，该组缺陷参数即为所求的解。正问题的求解模型有磁阻模型、磁偶极子模型和有限元数值模型等。有研究采用最小范数法、最小二乘法作为优化方法进行缺陷反演。还有采用磁偶极子模型研究三维复杂轮廓的漏磁场分布，再由漏磁场的测量值并采用优化计算反演三维表面缺陷的轮廓。基于模型法反演中常用的优化算法包括变尺度法、松弛法、共轭梯度法、最速下降法、模拟退火算法及遗传算法等。

基于人工神经网络的反演方法，可以克服基于有限元数值模型法的正问题计算量大、计算时间长的问题。人工神经网络最大的问题在于对输入的数据有严格的要求，对训练样本数量有强烈的依赖性。

6.3.2　基于导出磁通量的拉索金属截面积变化量测量方法

图 6-26 所示为基于导出磁通量的拉索金属截面积变化量测量原理图。磁化线圈通电后，线圈内部的拉索钢丝束被磁化，钢丝束截面内的轴向磁通量 Φ_c 与其截面积 S_c 有关，即

$$\Phi_c = B_c S_c \tag{6-4}$$

式中，B_c 为拉索钢丝束被磁化后其内部产生的磁感应强度。

从式（6-4）可以看出，拉索钢丝束截面内轴向磁通量的大小与截面积大小有关，因此若能测量出拉索钢丝束截面内轴向磁通量，就能间接地得出拉索钢丝束金属截面积。

基于导出磁通量的拉索金属截面积变化量测量方法的基本原理是，首先将拉索钢丝束截面内的轴向磁通量 Φ_c 引导出来，图 6-26 所示的导磁衔铁由高磁导率的低碳钢制成，能极大程度地将拉索钢丝束内部的磁通量导入其内，磁通量将在拉索钢丝束、导磁衔铁及两者之间的空气隙形成磁回路，当拉索钢丝束内部的磁通量发生变化时，根据磁通量连续原理，导磁回路中其他部位通过的磁通量发生相应变化，因此可以在导磁回路的任意部位设置磁敏元件来探测磁通量的变化，即可获取金属截面积变化的信息。

从上述基于导出磁通量的拉索金属截面积变化量测量基本原理可知，通过设置导磁衔铁将拉索钢丝束截面内的轴向磁通量引导至导磁磁路中，再通过在导磁磁路中设置磁敏感元件来测量该磁通量，而拉索钢丝束截面内的轴向磁通量中包含与钢丝束截面积相关的信息，因此可以间接实现拉索钢丝束截面积测量。但是要采用该方法实现准确、便捷地测量拉索钢丝束截面积，首先必须清楚磁敏感元件的测量值与拉索钢丝束截面积间呈现的关系。以下将通过建立该测量方法的等效磁路模型来分析磁敏元件的测量值与拉索钢丝束截面积之间的关系。

图 6-26 所示的基于导出磁通量的拉索金属截面积变化量测量的等效磁路模型如图 6-27 所示。

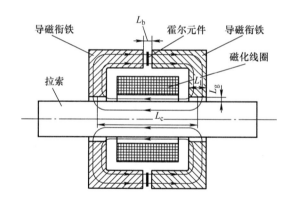

图 6-26　基于导出磁通量的拉索金属
截面积变化量测量原理

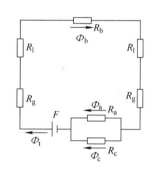

图 6-27　基于导出磁通量的拉索金属
截面积变化量测量磁路模型

图中各参数的含义如下：

F——磁化线圈提供的磁动势；

R_a——磁化线圈内空气的磁阻；

R_c——被磁化拉索段的磁阻；

R_g——衔铁组与拉索间空气隙的磁阻；

R_l——衔铁组的磁阻；

R_b——磁敏元件测量间隙处的磁阻；

Φ_a——磁化线圈内空气的磁通量；

Φ_c——拉索中截面内的磁通量；

Φ_t——磁化线圈内磁通量总和；

Φ_b——磁敏元件测量间隙处的磁通量。

分析图 6-27 所示的磁路模型，可得到如下四个等式：

$$(2R_g + 2R_1)\Phi_t + R_b\Phi_b + R_c\Phi_c = F \tag{6-5}$$

$$\Phi_b = \Phi_t \tag{6-6}$$

$$\Phi_t = \Phi_a + \Phi_c \tag{6-7}$$

$$R_a\Phi_a = R_c\Phi_c \tag{6-8}$$

将式(6-6)~式(6-8)代入式(6-5)并化简可得

$$(2R_g + 2R_1)\Phi_b + R_b\Phi_b + \frac{R_cR_a}{R_c + R_a}\Phi_b = F \tag{6-9}$$

磁化线圈内空气的磁阻 $R_a = \dfrac{L_a}{\mu_aS_a}$，式中 L_a、μ_a、S_a 分别为磁化线圈内空气磁化段的长度、空气的磁导率和磁化线圈内空气的截面积。被磁化拉索段的磁阻 $R_c = \dfrac{L_c}{\mu_cS_c}$，式中 L_c、μ_c、S_c 分别为拉索被磁化段的长度、拉索的磁导率和拉索的截面积。由于 L_a 和 L_c 大小相当，S_a 和 S_c 大小相当，而 $\mu_a << \mu_c$，所以 $R_a >> R_c$，得 $\dfrac{R_cR_a}{R_c + R_a} \approx R_c$，式（6-9）可简化为$(2R_g + 2R_1 + R_b + R_c)\Phi_b = F$。

令 $R_s = 2R_g + 2R_1 + R_b$，有 $\Phi_b = \dfrac{F}{R_s + R_c}$。

对于两段相同材料（材料的磁导率为 μ_c）、相同长度（其平均磁化长度为 L_c）而截面积分别为 S_{c1}、S_{c2} 的拉索 C_1、C_2 有

$$\Phi_{b1} = \frac{F}{R_s + R_{c1}} \tag{6-10}$$

$$\Phi_{b2} = \frac{F}{R_s + R_{c2}} \tag{6-11}$$

式（6-10）、式（6-11）中，Φ_{b1}、Φ_{b2} 分别为检测拉索 C_1、C_2 时，磁敏元件测量间隙处的磁通量；R_{c1}、R_{c2} 分别为拉索 C_1、C_2 的磁阻。

式（6-11）除以式（6-10）得

$$\frac{\Phi_{b2}}{\Phi_{b1}} = \frac{R_s + R_{c1}}{R_s + R_{c2}} \tag{6-12}$$

变换，得

$$\frac{\Phi_{b2} - \Phi_{b1}}{\Phi_{b1}} = \frac{R_{c1} - R_{c2}}{R_s + R_{c2}} \tag{6-13}$$

因为 $R_s >> R_{c2}$，有 $R_s \approx R_s + R_{c2}$，所以

$$\frac{\varPhi_{b2} - \varPhi_{b1}}{\varPhi_{b1}} = \frac{R_{c1} - R_{c2}}{R_s} \tag{6-14}$$

将 $\varPhi_{b1} = B_{b1}S_b$, $\varPhi_{b2} = B_{b2}S_b$, $R_{c1} = \dfrac{L_c}{\mu_c S_{c1}}$, $R_{c2} = \dfrac{L_c}{\mu_c S_{c2}}$ 代入式 (6-14) 得

$$\frac{B_{b2} - B_{b1}}{B_{b1}} = \frac{1}{R_s}\left(\frac{L_c}{\mu_c S_{c1}} - \frac{L_c}{\mu_c S_{c2}}\right) = \frac{L_c}{\mu_c R_s}\left(\frac{1}{S_{c1}} - \frac{1}{S_{c2}}\right) \tag{6-15}$$

式中, B_{b1}、B_{b2} 分别为检测拉索 C_1、C_2 时, 磁敏元件测量间隙处的磁感应强度; S_b 为磁敏元件测量间隙处的磁路的截面积, 对于确定的仪器, S_b 值始终保持不变。

对拉索金属截面积变化量进行测量时, 不妨设拉索金属截面积变化率为 $\Delta S_p = \dfrac{S_{c1} - S_{c2}}{S_{c1}}$, 则

$$\frac{B_{b2} - B_{b1}}{B_{b1}} = \frac{L_c}{\mu_c R_s}\left[\frac{1}{S_{c1}} - \frac{1}{(1 - \Delta S_p)S_{c1}}\right] = \frac{L_c}{\mu_c R_s S_{c1}}\left[1 - \frac{1}{(1 - \Delta S_p)}\right] \tag{6-16}$$

对 $\dfrac{1}{1 - \Delta S_p}$ 按 ΔS_p 在 $\Delta S_p = 0$ 处进行二阶泰勒展开, 即

$$\frac{1}{1 - \Delta S_p} = 1 + \Delta S_p + \Delta S_p^2 + o(\Delta S_p) \tag{6-17}$$

式中 $o(\Delta S_p)$ 为 ΔS_p 的高阶量, 对于较小的 ΔS_p 值, $o(\Delta S_p)$ 为一极小值, 可忽略。因此, 有

$$\frac{B_{b2} - B_{b1}}{B_{b1}} = -\frac{L_c}{\mu_c R_s S_{c1}}(\Delta S_p + \Delta S_p^2) \tag{6-18}$$

$$\frac{B_{b1} - B_{b2}}{B_{b1}} = \frac{L_c}{\mu_c R_s S_{c1}}\left[\frac{S_{c1} - S_{c2}}{S_{c1}} + \left(\frac{S_{c1} - S_{c2}}{S_{c1}}\right)^2\right] \tag{6-19}$$

记 $\Delta B_p = \dfrac{B_{b1} - B_{b2}}{B_{b1}}$, $P = \dfrac{L_c}{\mu_c R_s S_{c1}}$, 则

$$\Delta B_p = P(\Delta S_p + \Delta S_p^2) \tag{6-20}$$

式 (6-20) 中, P 称为测量系数。

如选霍尔元件作为磁敏元件时, 霍尔元件在其正常工作量程内输出电压值 U 与测量处磁感应强度 B 成正比, 即

$$U = K_H B \tag{6-21}$$

式中, K_H 为霍尔元件的灵敏度系数。

相应地有

$$\Delta U_p = \Delta B_p = P(\Delta S_p + \Delta S_p^2) \tag{6-22}$$

式中, ΔU_p 为霍尔元件输出电压变化率。

式 (6-20) 表示的是磁敏元件测量处磁感应强度变化率与拉索截面积变化率之间的关系。当拉索金属截面积变化率较小时, 即 ΔS_p 较小时, 磁敏元件测量处磁感应强度变化率 ΔB_p 与拉索金属截面积变化率 ΔS_p 成正比; 当拉索金属截面积变化率继续增大时, 磁感应强

度变化率 ΔB_p 与 $\Delta S_\mathrm{p} + \Delta S_\mathrm{p}^2$ 或更高阶的 ΔS_p 成正比。对于在役拉索而言，其金属截面积变化率通常较小，因此拉索金属截面积变化率 ΔS_p 与磁敏元件测量处磁感应强度变化率 ΔB_p 大致成正比，通过在测量断口处设置磁敏元件即可检测拉索金属截面积变化率。如磁敏元件为霍尔元件，则霍尔元件输出电压变化率 ΔU_p 与拉索金属截面积变化率 ΔS_p 成线性关系，如式（6-22）所表达的关系。

在一定的误差范围内可以利用 $\Delta U_\mathrm{p} = P \Delta S_\mathrm{p}$ 所表达的关系应用该测量方法对拉索金属截面积变化量进行线性测量，但在具体实施测量前必须确定测量系数 P 值。从式（6-19）和式（6-20）可知，需已知 L_c、μ_c、R_s、S_c1 的数值才能确定测量系数 P 值，而 L_c、μ_c、R_s 的具体数值较难准确得到，但对于确定的拉索金属截面积变化量测量传感器和拉索而言，L_c、μ_c、R_s 是定值，因此可以通过采用若干段截面积已知、材料特性与被测拉索相同、长度大于衔铁长度的标样钢丝来标定测量系数 P 值。

确定测量系数 P 值后，可认为在对该拉索后续进行的金属截面积变化率测量过程中，该测量系数 P 值保持不变，根据下述步骤即可得到拉索长度方向各处金属截面积相对于参考区域金属截面积的变化率。

首先获取参考区域金属截面积 S_0 和测量该截面积时霍尔元件的输出电压幅值 U_0；当检测某一截面积为 S_i 的待检测区域时，霍尔元件的输出电压幅值为 U_i。

根据式（6-22）可得到每一待检测区域的截面积 S_i 相对于初始区域截面积 S_0 的金属截面积变化率

$$\Delta S_{\mathrm{p}i} = \frac{1}{P} \frac{U_0 - U_i}{U_0} \tag{6-23}$$

并可得到该检测区域的截面积 S_i

$$S_i = (1 - \Delta S_{\mathrm{p}i}) S_0 \tag{6-24}$$

由上述分析可知，当拉索金属截面积变化率较小时，霍尔元件输出电压变化率 ΔU_p 与拉索金属截面积变化率 ΔS_p 成正比，即

$$\Delta U_\mathrm{p} \approx P \Delta S_\mathrm{p} \tag{6-25}$$

若式（6-25）成立，则可以通过霍尔元件输出电压变化率 ΔU_p 的值来获取拉索金属截面积变化率 ΔS_p 的值。而实际上，由于磁场的非线性特征，图 6-27 中的磁路参数（如 R_g、R_1、R_b、μ_c、L_c 等）将随着测量状况发生变化，这些因素对该测量方法的影响程度是否足以破坏以上所述 ΔU_p 与 ΔS_p 之间的线性关系，或者这些因素对测量方法会不会造成太大的影响，还需通过实验来验证。式（6-25）中的 ΔU_p 与 ΔS_p 之间的线性关系成立是基于 ΔS_p 值较小时，但 ΔS_p 具体在多大范围内能保证 ΔU_p 与 ΔS_p 之间可以采用线性关系表述而不产生较大的误差，这些均需通过实验结果来分析。

图 6-28 所示是实验装置示意图。一个内径为 80mm、长度为 145mm、匝数为 2800、用线径为 1mm 的电磁漆包线绕制的磁化线圈用于磁化钢丝束；四个由磁导率较高的低碳钢制作的导磁衔铁组，两个对称布置的 L 形导磁衔铁构成一个导磁衔铁组，两个导磁衔铁间预留

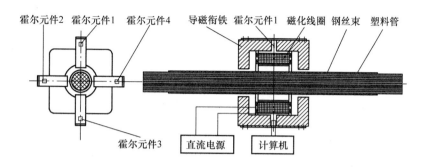

霍尔元件2　霍尔元件1　霍尔元件4　　导磁衔铁　霍尔元件1　磁化线圈　钢丝束　塑料管

霍尔元件3　　直流电源　　计算机

图 6-28　基于导出磁通量的拉索金属截面积变化量测量实验装置示意图

缝隙可以布置一个霍尔元件，导磁衔铁间预留缝隙的宽度可调，实验中缝隙宽度固定为7mm，每个 L 形导磁衔铁的横截面尺寸为 40mm×40mm，L 形两边长均为 120mm；一个最大能持续恒定提供 10A 电流的恒流直流电源为磁化线圈提供直流磁化电流，在线圈内形成较均匀的磁场；用 196 根直径为 2.76mm、长度为 1m 的粗钢丝及 10 根直径为 1.56mm、长度为 1m 的细钢丝组成的钢丝束模拟拉索钢丝束；钢丝束放置在一个外径为 75mm、壁厚为2mm、长为 800mm 的硬质塑料圆管内，以保证钢丝束聚集在一起，同时方便从钢丝束中抽取钢丝。磁化线圈套在塑料管外，基本保证和塑料管同心，导磁衔铁组横跨磁化线圈，导磁衔铁组两端部贴近圆管表面，两者间空气间隙为 10mm，四个导磁衔铁组沿圆管周向均匀布置；霍尔元件输出经过滤波及电压偏置调节电路、放大器后，再经信号采集卡输入计算机，计算机上显示经滤波、偏置及放大后的霍尔元件输出电压幅值。

实验中，通过从 206 根钢丝束中抽取不同根数的钢丝来模拟钢丝束截面积的变化，钢丝束的总截面积为 1191.75mm^2，1 根直径为 1.56mm 细钢丝的截面积为 1.91mm^2，1 根直径为2.76mm 的粗钢丝的截面积为 5.98mm^2。当从 206 根钢丝束中抽出 1 根直径为 1.56mm 的细钢丝时，相当于钢丝束截面积减小 0.16%；当从 206 根钢丝束中抽出 1 根直径为 2.76mm 的粗钢丝时，相当于钢丝束截面积减小 0.50%。以下每次实验过程中均采用抽出钢丝后不重新放回的方法，模拟钢丝束截面积变化率从 0~20.69% 的变化。其中，在 0~1.6% 范围内，每次按 0.16% 变化；在 1.6%~20.69% 范围内，每次按 0.50% 变化。

实验中设置磁化线圈的磁化电流为 3A，进行截面积变化测量，每次均记录四个霍尔元件的输出电压幅值之和，测量结果如图 6-29 所示。图中以 ΔS_p 为横坐标，以 ΔU_p 为纵坐标，直线为 ΔS_p 与 ΔU_p 之间关系的拟合直线。从图 6-29 中可以看出，各数据点间基本成线性关系，对数据点进行线性拟合，可得到 ΔU_p 与 ΔS_p 之间的关系式为 $\Delta U_p = 0.8058\Delta S_p$。

对图 6-30a 所示的在不同径向位置的截面积变化率均为 0.5% 的截面积变化进行测量，实验时在钢丝束试样中分别设置截面积变化位于截面的不同径向位置，从截面中心开始沿径向依次改变截面积变化的部位，每次改变的径向距离为 3mm，每次截面积变化率均为0.5%，共测量 14 个径向位置，测量结果如图 6-30b 所示。从图中可以看出，在不同的径向位置，截面积变化率测量结果基本都在真值 0.5% 附近波动，而不受径向位置改变的影响，

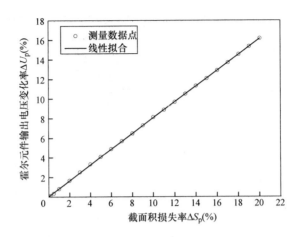

图 6-29　基于导出磁通量的拉索金属截面积变化量测量实验结果

测量值的波动是正常的测量随机误差。

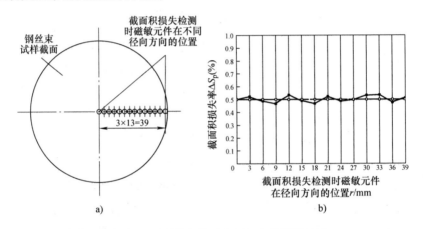

图 6-30　不同径向位置截面积变化测量结果

a）不同位置测量示意图　b）不同位置测量结果比较图

1. 导磁磁路数量对测量的影响

采用 2 个相隔 180°布置的导磁磁路，分别设置磁化线圈的磁化电流为 0.5A、1A、2A、3A、4A、4.5A、5A，进行 7 次截面积变化测量。

图 6-31 所示为不同磁化电流下，霍尔元件输出电压变化率 ΔU_p 与拉索金属截面积变化率 ΔS_p 之间的关系曲线图。从图 6-31 中可以看出，采用 2 个相隔 180°布置的导磁磁路进行截面积测量，当磁化电流为 3A、4A、4.5A、5A 时，ΔU_p 与 ΔS_p 之间呈现较好的线性关系。

采用 1 个导磁磁路，分别设置磁化线圈的磁化电流为 0.5A、1A、2A、3A、4A、4.5A、5A，进行 7 次截面积变化测量。

图 6-32 所示为不同磁化电流下，霍尔元件输出电压变化率 ΔU_p 与拉索金属截面积变化率 ΔS_p 之间的关系曲线图。从图 6-32 中可以看出，采用 1 个导磁磁路进行截面积测量，各

磁化电流下 ΔU_{p} 与 ΔS_{p} 之间的线性度均较差。

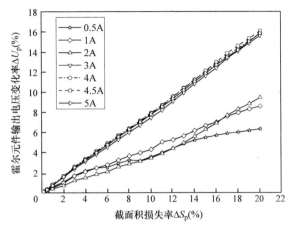

图 6-31　2 个导磁磁路截面积变化率测量实验结果

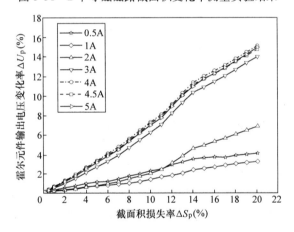

图 6-32　1 个导磁磁路截面积变化率测量实验结果

2. 霍尔元件放置位置对测量的影响

由基于导出磁通量的拉索金属截面积变化量测量原理可知，拉索被磁化时，拉索和衔铁及两者间的空气间隙共同形成磁回路，拉索内产生的磁通量首先被收集至衔铁一端，再集中通过衔铁到达另一端，最后再散开回到拉索中，形成一个闭合回路。磁通在拉索和衔铁端部间通过时呈分散不均匀的伞状分布，而通过衔铁中间部位时呈相对均匀的分布。

与霍尔元件放置在衔铁中间部位相比，将霍尔元件放置在衔铁端部的测量精度应较低，原因是通过衔铁端部的磁通量的分布区域较广且不均匀，霍尔元件放置在衔铁端部时，很难收集磁通量的整个信息。当截面积变化位置距离霍尔元件较近时，霍尔元件测量值变化最大；当截面积变化位置距离霍尔元件较远时，霍尔元件测量值变化最小，即截面积变化位置将对测量结果产生较大影响。而通过衔铁中间部位的磁通量相对集中且均匀，因此霍尔元件放置在衔铁中间部位时，其测量值就是衔铁中截面磁感应强度的平均值，当衔铁中的磁通量发生变化时，霍尔元件的测量值变化与磁通量变化成线性关系。

将霍尔元件放置在衔铁端部，分别设置磁化线圈的磁化电流为 2A、3A、4A、4.5A、5A，进行 5 次截面积变化测量。图 6-33 所示为不同磁化电流下，霍尔元件输出电压变化率 ΔU_p 与拉索金属截面积变化率 ΔS_p 之间的关系曲线图。

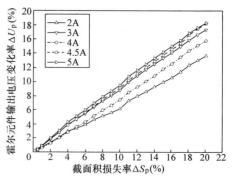

图 6-33　霍尔元件放置在衔铁端部时截面积
变化率测量实验结果

3. 在役拉索应力对测量的影响

在役拉索内部钢丝工作时所受应力约为 600MPa，磁化过程中应力对磁化的进程可以起到促进或阻碍的作用。因此，应用磁性测量法对在役拉索实施金属截面积变化率测量时，应考虑拉索所受应力对测量的影响。

通常斜拉桥拉索由多根 $\phi 5mm$ 或 $\phi 7mm$ 的钢丝组成，钢丝的材料多为高强度碳素弹簧钢，属高碳钢。为了深入研究拉索钢丝的力磁耦合行为，研制了力磁耦合测试实验装置，包括拉索钢丝加载实验台、拉索钢丝磁化及磁参数测量装置。利用这套实验装置，分别进行了拉索钢丝在不同应力和不同磁场下的力磁耦合实验。

进行实验测试时，先由计算机设定要测量的参数和磁场数值，指示磁化电源控制单元向螺线管输入电流，磁感应强度测量线圈的感应电压经电子磁通积分器及 A - D 转换器接入计算机，然后计算机对这些数据进行处理和计算，并设定下一步的测量参数和磁场数值。这是一次小的工作循环，许多这样的小循环构成了一个试件的全部测量过程。

此外，为了消除剩磁对磁化曲线的影响，在每次磁化测量前，需对试件进行退磁处理。本实验中采用直流换向退磁，即借助于磁化装置先将试件磁化到饱和，然后用电流换向开关进行换向，同时将退磁电流逐步减小到零。

实验中运用实验系统的加载装置对钢丝施加拉力，使钢丝的拉应力从 0MPa 开始，每隔 100MPa 固定钢丝所受拉应力不变，首先对钢丝进行退磁处理，再将其磁化至近饱和，测出磁化曲线，测试完成后，应力值增加 100MPa。如此测试，直至钢丝最大应力达到 1000MPa。

实验系统组成示意图如图 6-34 所示，主要由试件、加载装置、磁化装置、磁感应强度测量装置、监控和采集装置组成。图 6-35 所示为实验系统实物照片。

实验采用斜拉桥拉索常用的 $\phi 5mm$ 钢丝作为试件，试件长度为 800mm。钢丝材料为高强度碳素弹簧钢，其抗拉强度 $R_m = 1570MPa$，工作应力为 600MPa。

图 6-36 所示为 $\phi 5mm$ 钢丝在不同拉应力作用下，经实验测试获得的磁化曲线；图 6-37 所示为对应的相对磁导率与磁场强度的关系曲线。从图 6-36 和图 6-37 中可以看出，拉应力对拉索钢丝的磁化有明显的影响，具体表现为拉应力将阻碍拉索钢丝的磁化，即在相同磁场 H 作用下，随着拉应力的增大，拉索钢丝的磁感应强度 B 和相对磁导率 μ_r 均降低，且拉应力越大，越不易被磁化至饱和。从图 6-37 还可以看出，在较小磁场强度 H 的作用下，拉应力对拉索钢丝相对磁导率的影响较大；但在较大磁场强度 H 的作用下，拉应力对相对磁导

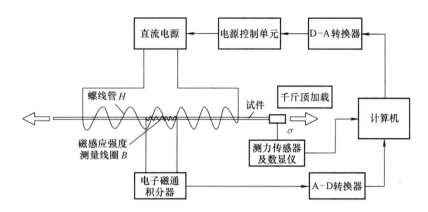

图 6-34 实验系统组成示意图

图 6-35 实验系统实物照片

率的影响甚小。如图 6-38 所示，在 $H = 10650\mathrm{A/m}$ 时，分别在拉应力为 0MPa 和 1000MPa 作用下，钢丝相对磁导率的差值不到 20。

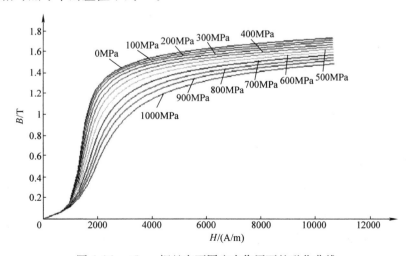

图 6-36 φ5mm 钢丝在不同应力作用下的磁化曲线

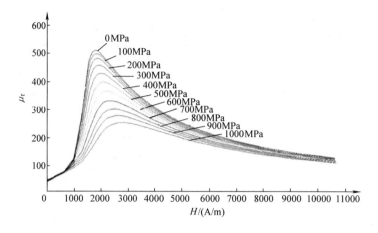

图 6-37   φ5mm 钢丝在不同应力作用下相对磁导率与磁场强度的关系曲线

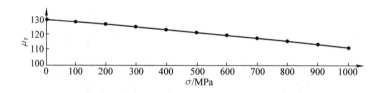

图 6-38   磁场强度 $H = 10650\text{A/m}$ 时相对磁导率与拉应力的关系曲线

对在役拉索进行磁性测量时，必须要考虑在役拉索承载状态下应力对测量的影响。首先，为减小应力对测量的影响，用于测量仪器标定的样索应模拟在役拉索的承载状态，若选用无应力样索进行标定，则需进行修正补偿；其次，在役拉索金属截面积变化量测量时，拉索钢丝束的磁参数应选取正常工作应力下的磁特性参数；第三，当拉索出现金属截面积变化时，其工作应力产生波动，相应磁特性也产生波动，将对检测产生影响，为减小这种影响，应尽量提高拉索的磁化程度，因为拉索被磁化的程度越高，其磁特性受应力的影响越小。

6.3.3   基于磁通量离散阵列模型的金属截面积变化部位测定方法

只将拉索中出现缺陷的单股钢绞线进行替换而非整索替换，是平行钢绞线拉索换索工程中的一种新技术，可以提高换索效率、节省换索成本。在整根平行钢绞线拉索中，准确确定出现缺陷的钢绞线股，是该单股换索技术面临的难题，特别是对于在役拉索的维护而言。因此，为获取拉索较完备的状态信息，给拉索的维护提供依据及指导，除需进行金属截面积变化量测量外，有必要进行金属截面积变化部位的准确定位测量。拉索金属截面积变化的轴向定位较容易实现，而对于截面内金属变化部位的径向和周向二维量的定位测量则相对比较困难。受大直径、大提离、外层钢丝对内层钢丝的屏蔽作用等因素的影响，采用漏磁检测法很难实现对拉索缺陷的准确定位测量。因此，提出一种基于金属截面磁通量离散阵列模型的定位测量方法进行拉索金属截面积变化部位的测定方法。

　　通过一定的方式沿拉索周向均匀布置多个磁性传感器，金属被磁化后，当金属截面积发生变化时，则磁性传感器获取的磁信号将发生改变，不同周向位置磁性传感器的磁信号改变量将包含金属截面积变化的位置信息。不同位置的金属截面积变化将导致周向布置磁性传感器的磁信号不同，这个推断过程可以称为金属截面积变化部位测定的正演，而由周向布置磁性传感器的测量结果估算金属截面积变化的径向和周向部位的过程可被称为金属截面积变化部位反演测定。

　　金属截面积变化部位测定的反演问题就是进行金属截面积变化部位测定所要解决的问题，部位测定的结果就是对反演问题求解的结果，而反演问题的求解是与正演问题密切相关的。对反演问题的求解（特别是对非线性反演问题求解）实际上是在模型空间内反复进行正演迭代寻优计算。因此，欲求解反演问题，首先必须解决相应的正演问题。在金属截面积变化部位测定反演求解中同样应先建立部位测定的正演模型。反演方法的两个核心问题是找到快速、准确的正演模型和找到正演模型参数的最优化迭代方法进行反演问题的快速求解。

　　拉索截面内磁通量的分布情况可以反映拉索金属截面积变化的位置，但如何获取截面内磁通量的分布情况却是一件困难的事情，在不破坏拉索的情况下很难直接从拉索截面获得，必须通过其他的间接方式获取。通过设置导磁磁路将拉索截面内的磁通量导入其内，在导磁磁路中设置磁敏元件进行拉索截面内磁通量的测量。设置导磁磁路与拉索表面基本紧贴，则拉索中的磁通量几乎全部通过导磁磁路形成回路，而漏磁通量很小可以忽略不计。根据磁通量连续原理，通过导磁磁路的磁通量应等于拉索截面内的磁通量。

　　图 6-39 中导磁磁路中间部位的圆周上放置测量元件，该圆周称为测量圆 Θ_{m}。实际测量时，m 个测试点均匀地分布于测量圆 Θ_{m} 上，每个测试点的位置为 $G_i(i=1,2,\cdots,m)$。显然，为保证这种布置实际可行，测量圆 Θ_{m} 的半径应稍大于拉索半径 R。当测试点的数量 m 足够大时，每个测试点所在区域的面积将非常小。当在每个测试点区域设置霍尔元件等磁敏测量元件时，磁敏元件测量的磁感应强度与该测量点所在区域的面积的乘积即为通过该测量点区域的磁通量。

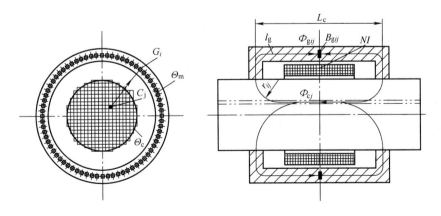

图 6-39　拉索截面内的磁通量离散阵列模型

　　由前述拉索金属截面内磁通量离散阵列模型分析可知，通过拉索截面的磁通量可以看作截面内 n 个小区域内磁通量的累积和，而每个小区域内磁通量都会通过导磁磁路形成回路，因此通过每个测试点 G_i 处的磁通量可以认为是拉索截面内 n 个小区域磁通量通过该测试点的磁通量分量的累积总和。当拉索截面内某个小区域内磁通量发生改变时，通过每个测试点 G_i 处的磁通量也相应会发生变化。

　　下面首先考虑拉索截面内某一小区域 C_j 内物质被磁化后形成的磁通量经过导磁磁路形成闭合回路时，如何在各测试点 G_i 处进行分配；其次，依次计算拉索截面内所有小区域 C_j 的磁通量在各测试点 G_i 处的分布；最后，将所有小区域 C_j 通过各测试点 G_i 处的磁通量分量进行累加即可得到该测试点处的磁通量，从而可获取该处的磁感应强度 $B(G_i)$。

　　如图 6-39 所示，采用匝数为 N，通过电流为 I 的直流线圈对小段拉索进行磁化，通过截面中某一小区域 C_j 和任一测试点 G_i 处可以形成一条磁环路，磁环路包围的电流代数和为 NI。根据磁场的环路定理，有

$$H_{gij}l_g + H_{cj}\left[L_c + (\pi - 2)r_{ij}\right] = NI \tag{6-26}$$

式中，H_{gij} 为拉索截面内小区域 C_j 的磁通量经过测试点 G_i 处使 G_i 处产生的磁场强度；l_g 为导磁磁路的等效长度；H_{cj} 为小区域 C_j 处的磁场强度；L_c 为拉索被磁化段的等效长度；r_{ij} 为小区域 C_j 的磁通量通向测试点 G_i 方向圆弧路径的半径，称为距离因子。

　　根据磁通量连续原理，截面内任意小区域 C_j 的磁通量必须经过导磁磁路形成闭合回路，即有

$$\sum_{i=1}^{m} \Phi_{gij} = \Phi_{cj} \tag{6-27}$$

式中，Φ_{gij} 为拉索截面内小区域 C_j 的磁通量通过测试点 G_i 处的磁通量分量；Φ_{cj} 为通过小区域 C_j 的磁通量。

　　截面内任意小区域 C_j 和测试点 G_i 处磁感应强度 B 与磁场强度 H 之间的关系应满足

$$H_{cj} = \frac{B_{cj}}{\mu_0\mu_{cj}} \tag{6-28}$$

$$H_{gij} = \frac{B_{gij}}{\mu_0\mu_g} \tag{6-29}$$

式中，H_{cj}、H_{gij} 分别为截面内小区域 C_j 和测试点 G_i 处的磁场强度；B_{cj}、B_{gij} 分别为小区域 C_j 和测试点 G_i 处的磁感应强度；μ_{cj}、μ_g 分别为小区域 C_j 和测试点 G_i 处的材料相对磁导率。

　　截面内任意小区域 C_j 内和测试点 G_i 处的磁场强度 H_{cj}、H_{gij} 可以认为是均匀分布的，因此磁感应强度与磁通量之间的关系应满足

$$\Phi_{cj} = B_{cj}S_{cj} \tag{6-30}$$

$$\Phi_{gij} = B_{gij}S_{gi} \tag{6-31}$$

式中，S_{cj}、S_{gi} 分别为截面内小区域 C_j 和测试点 G_i 处区域的面积。

　　由式（6-28）和式（6-30）可得

$$H_{cj} = \frac{\Phi_{cj}}{\mu_0 \mu_{cj} S_{cj}} \qquad (6\text{-}32)$$

由式（6-29）和式（6-31）可得

$$H_{gij} = \frac{\Phi_{gij}}{\mu_0 \mu_g S_{gi}} \qquad (6\text{-}33)$$

将式（6-32）和式（6-33）代入式（6-26）可得

$$\Phi_{gij} = \frac{\mu_0 \mu_g S_{gi}}{l_g} \left\{ NI - \frac{\Phi_{cj}}{\mu_0 \mu_{cj} S_{cj}} \left[L_c + (\pi - 2) r_{ij} \right] \right\} \qquad (6\text{-}34)$$

将式（6-34）两边同时求和，可得

$$\sum_{i=1}^{m} \Phi_{gij} = \sum_{i=1}^{m} \frac{\mu_0 \mu_g S_{gi}}{l_g} \left\{ NI - \frac{\Phi_{cj}}{\mu_0 \mu_{cj} S_{cj}} \left[L_c + (\pi - 2) r_{ij} \right] \right\}$$

$$= \frac{\mu_0 \mu_g S_{gi}}{l_g} \left\{ mNI - \frac{\Phi_{cj}}{\mu_0 \mu_{cj} S_{cj}} \left[mL_c + (\pi - 2) \sum_{i=1}^{m} r_{ij} \right] \right\} \qquad (6\text{-}35)$$

综合式（6-27）和式（6-35）可得

$$\Phi_{cj} = \frac{m \mu_0 \mu_g \mu_{cj} S_{gi} S_{cj} NI}{\mu_{cj} l_g S_{cj} + \mu_g S_{gi} \left[mL_c + (\pi - 2) \sum_{i=1}^{m} r_{ij} \right]} \qquad (6\text{-}36)$$

将式（6-31）和式（6-36）代入式（6-34）可得

$$B_{gij} = \frac{\mu_0 \mu_g NI}{l_g} \frac{\mu_{cj} l_g S_{cj} + (\pi - 2) \mu_g S_{gi} \left(\sum\limits_{i=1}^{m} r_{ij} - m r_{ij} \right)}{m \mu_g S_{gi} L_c + \mu_{cj} l_g S_{cj} + (\pi - 2) \mu_g S_{gi} \sum\limits_{i=1}^{m} r_{ij}} \qquad (6\text{-}37)$$

记 $SA = \dfrac{\mu_0 \mu_g NI}{l_g}$，$SB = l_g S_{cj}$，$SC = m \mu_g S_{gi} L_c$，$SD = (\pi - 2) \mu_g S_{gi}$，则式（6-37）变换为

$$B_{gij} = SA \frac{SB \mu_{cj} + SD \left(\sum\limits_{i=1}^{m} r_{ij} - m r_{ij} \right)}{SC + SB \mu_{cj} + SD \sum\limits_{i=1}^{m} r_{ij}} \qquad (6\text{-}38)$$

将所有小区域 C_j 通过测试点 G_i 处的磁通量分量进行累加即可得到该测试点处的磁感应强度为

$$B(G_i) = \sum_{j=1}^{n} B_{gij} = \sum_{j=1}^{n} SA \frac{SB \mu_{cj} + SD \left(\sum\limits_{i=1}^{m} r_{ij} - m r_{ij} \right)}{SC + SB \mu_{cj} + SD \sum\limits_{i=1}^{m} r_{ij}} (i = 1, 2, \cdots, m) \qquad (6\text{-}39)$$

在按式（6-39）计算各测试点 $G_i (i = 1, 2, \cdots, m)$ 处的磁感应强度 $B(G_i) (i = 1, 2, \cdots, m)$ 时，将所有小区域 $C_j (j = 1, 2, \cdots, n)$ 按其内材料是拉索钢丝或空气，分别设置其对应的相对磁导率 $\mu_{cj} (j = 1, 2, \cdots, n)$ 为拉索钢丝的相对磁导率或空气的相对磁导率。当某处 C_j 出现金

属截面积变化时，即意味着该处的材料由拉索钢丝变为空气，而 C_j 与各测试点 G_i 的距离因子 r_{ij} 是有差别的，从式（6-39）可以看出，各测试点 $G_i(i=1,2,\cdots,m)$ 处的磁感应强度 $B(G_i)(i=1,2,\cdots,m)$ 是有差别的，即通过式（6-39）将出现截面积金属变化的部位与各测试点获取的测量值之间建立了联系。这就是基于磁通量离散阵列模型的金属截面积变化部位测定计算的正演方程。

采用如图 6-40 所示的实验装置，实验对象为 37 根直径为 7mm 的拉索钢丝捆扎在一起组成的钢丝束；采用 1 个内径为 55mm、长度为 80mm、匝数为 1000、用线径为 1mm 的电磁漆包线绕制的磁化线圈用于磁化钢丝束；一个最大能持续恒定提供 10A 电流的恒流直流电源为磁化线圈提供直流磁化电流，在线圈内形成较均匀的磁场；两个灯罩形低碳钢材料的导磁体对称套在钢丝束上，同时罩住套在钢丝束上的磁化线圈，导磁体外径为 146mm、壁厚为 8mm，用一个厚度为 5mm 的铝合金圆环将两个导磁体套接成一体，组合一起的长度为 110mm；在铝合金圆环的圆周上均匀设置 24 个矩形槽，高斯计的探头放置在矩形槽中测试该处的磁感应强度 $B_g(i)$；采用美国 LakeShore 公司的 421 型霍尔高斯计，高斯计的测量范围是 $0.01\sim20000$Gs，精确度为 $\pm0.2\%$。每次实验中，为了减少测试误差，取 10 组磁感应强度 $B_g(i)$ 测试值的平均值作为实验结果。

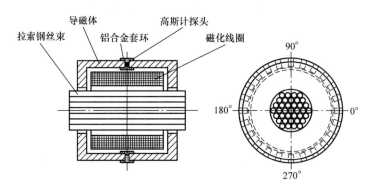

图 6-40 金属截面积变化部位测定正演模型实验装置示意图

正演计算模型如图 6-41 所示，模型中被测区域 Θ_c 是直径为 50mm 且刚好包围钢丝束的圆截面，被测区域中离散网格的大小为 1mm×1mm，网格的总数量为 1976 个，测量圆 Θ_m 的直径为 100mm，测量圆 Θ_m 圆周上均匀布置 24 个测试点 G_i。

下面对图 6-42a、图 6-43a、图 6-44a、图 6-45a、图 6-46a、图 6-47a 所示的分别存在单根或多根钢丝损失（各图中虚线圆圈表示钢丝损失的位置）的拉索钢丝束采

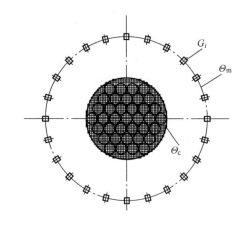

图 6-41 拉索钢丝束金属截面积变化部位计算正演模型

用上述金属截面积变化部位测定方法的正演模型进行计算，并通过实验进行验证。

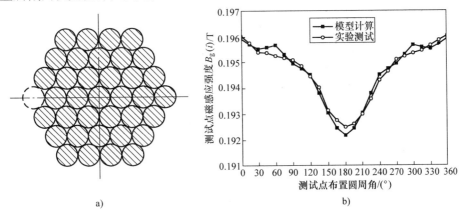

a) b)

图 6-42 拉索钢丝束外部单根钢丝损失

a）钢丝束截面示意图 b）模型计算及实验测试对比

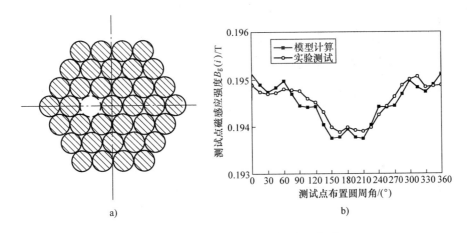

a) b)

图 6-43 拉索钢丝束内部单根钢丝损失

a）钢丝束截面示意图 b）模型计算及实验测试对比

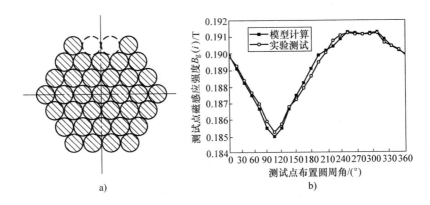

a) b)

图 6-44 拉索钢丝束外部两根钢丝损失

a）钢丝束截面示意图 b）模型计算及实验测试对比

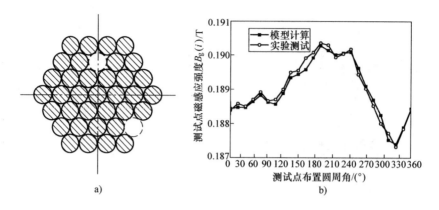

图 6-45　拉索钢丝束内外部两根钢丝同时损失

a）钢丝束截面示意图　b）模型计算及实验测试对比

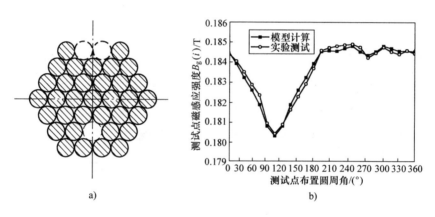

图 6-46　拉索钢丝束内外部多根钢丝同时损失

a）钢丝束截面示意图　b）模型计算及实验测试对比

模型计算结果和实验测试结果分别如图 6-42b、图 6-43b、图 6-44b、图 6-45b、图 6-46b、图 6-47b 所示，对比模型计算和实验测试的结果可以看出，模型计算结果与实验测试结果基本吻合，证明了金属截面积变化部位测定方法正演模型的正确性。模型计算结果与实验测试结果均明显反映出：越靠近金属损失的测试点，其获取的幅值越小，远离金属损失的测试点，其获取的幅值越大；金属损失处越靠钢丝束外部则所有测试点获取的最大幅值与最小幅值之差越大，相反越小。通过上述两条规律，在实际应用时可以大致判断出金属损失所在的相位和在钢丝束内所处的层次，可以对拉索金属截面积变化进行粗定位。

6.3.4　在役拉索金属截面积测量系统关键技术

通常，钢丝绳、钢管等的磁性检测系统主要包括磁化装置、磁信号测量装置、信号采集及处理装置、测量结果分析处理软件等。拉索在役检测的工况特点，决定了拉索金属截面积磁性测量系统除了同样应包括上述几部分之外，还要求有能携带测量仪器沿拉索爬升对拉索

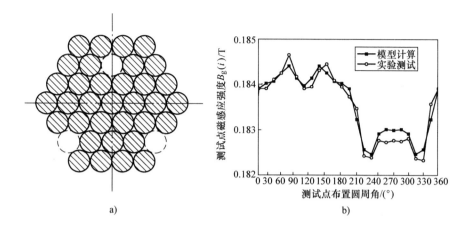

a)　　　　　　　　　　　　　　　　　　b)

图 6-47　拉索钢丝束内外部不同位置多根钢丝同时损失

a）钢丝束截面示意图　b）模型计算及实验测试对比

进行扫描式探测的爬行装置。磁化是实现磁性检测的第一步，将影响检测的性能特征和检测装置的结构特征，拉索的结构特征决定了对其磁化将有别于对钢丝绳、钢管等构件的磁化，同时为便于在役拉索金属截面积测量工作的实施，应尽可能地减小磁化装置的体积和质量。因此，磁化技术及爬行技术将是影响在役拉索金属截面积测量系统工程化应用的两项关键技术。

大直径、厚保护层的结构特征，决定了在役拉索难以被磁化，同时在役检测的工况特点要求磁化装置应具有小的体积和质量、低的磁化能量输入，因此有必要对拉索的有效磁化方法进行深入研究，满足在役磁性测量的需要。

对长度、宽度或厚度等尺寸较大的铁磁性构件进行磁性检测时，可以利用局部磁化方法对构件进行磁化。对拉索进行局部磁化可采取如图 6-48a 所示的多回路永磁磁化、图 6-48b 或图 6-48c 所示的直流线圈磁化等方式。

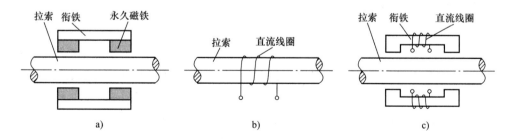

a)　　　　　　　　　　　b)　　　　　　　　　　　c)

图 6-48　拉索三种局部磁化方式

a）多回路永磁磁化　b）无回路直流线圈磁化　c）多回路直流线圈磁化

下面应用有限元软件进行数值仿真计算，分析直流线圈的长径比、厚度（层数）等参数对磁场分布的影响规律，为拉索磁化线圈的优化设计提供依据。

根据线圈结构的轴对称性特征，仿真计算采用二维有限元模型，取线圈的长度 $2L =$

200mm，半径 $R=10$mm，线圈厚度 $t=1$mm，线圈匝数 $N=200$，通过线圈的电流 $I=1$A，线圈产生的磁场强度在其轴线上分布是以线圈轴向中截面为对称面左右对称的，图 6-49 所示为单层线圈轴线上右半部分的磁场分布。

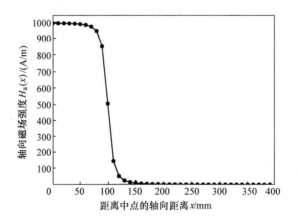

图 6-49   单层线圈轴线上右半部分的磁场分布

从图 6-49 可以看出，线圈轴线上轴向磁场强度 H_a 在线圈中心点处具有最大值，约为 H_a $(0)=NI/L=nI=1000$A/m；接近无限长线圈轴线上的磁场强度，在轴向距离线圈中心点 ±70mm 长度内磁场强度分布均匀；再向线圈两端延伸，超过 ±70mm 处磁场强度迅速降低，在线圈两端中点处磁场强度降低约为线圈中心点处的一半，当超过线圈外 50mm 处时磁场强度降至几乎等于 0。

记 $x=\varepsilon L$，$\lambda=L/R$，可得

$$H_a(\varepsilon L)=\frac{nI}{2}\left[\frac{(\varepsilon+1)\lambda}{\sqrt{1+(\varepsilon+1)^2\lambda^2}}-\frac{(\varepsilon-1)\lambda}{\sqrt{1+(\varepsilon-1)^2\lambda^2}}\right] \tag{6-40}$$

单层直流线圈轴线上的磁场分布是与线圈的几何尺寸即线圈的长度 L 和半径 R 相关的，影响直流线圈轴线上磁场分布的是其长径比 λ。

图 6-50a 所示为不同长径比 λ 线圈轴线上磁场分布特性的有限元仿真计算结果。仿真计算时，固定线圈半径 $R=100$mm 不变，只改变线圈长度 $2L$，模拟不同长径比 L/R 的线圈。计算时采用线圈厚度 $t=1$mm，单位长度线圈匝数 $n=1000$，通过线圈的电流 $I=1$A。从图中可以看出随着线圈长度 $2L$ 的增大，即线圈长径比 λ 的增大，线圈轴线中心点处磁场强度逐渐增大。但轴线磁场分布的均匀性随着长径比 λ 的增大先变差后变好。

图 6-50b 所示为线圈中截面径线上的轴向磁场强度分布，从图中可以看出，当线圈的长径比 λ 较大时，整个径线上的轴向磁场强度几乎相等，但随着长径比 λ 的减小，径线上的轴向磁场强度分布变得不均匀，磁场强度分布随着离开中心距离的增大而增大，接近线圈内壁处最大，并且线圈半径相对越大该规律越明显。

通常为提高线圈的磁化能力，可通过提高磁化电流 I 或增大单位长度线圈匝数 n 来实现，由于线圈发热量与其通过的电流 I 的平方成正比，若试图提高磁化电流来提高线圈的磁

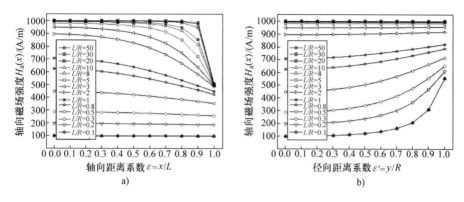

图 6-50　不同长径比 λ 线圈的磁场分布

a）轴线上的轴向磁场分布　b）中截面径线上的轴向磁场分布

化能力，则会导致线圈发热量剧增，因此磁化电流不应无限制地增大，否则会烧坏线圈。对于采用一定线径的导线绕制的线圈，其轴向最大单位长度线圈匝数是一定的，因此若想增大单位长度线圈匝数 n 来提高线圈的磁化能力，只能通过增加线圈的径向匝数，即增加绕线层数来增大单位长度线圈匝数，这种由多层导线绕制的线圈即为多层直流线圈。下面通过有限元计算来分析线圈层数的增加对线圈的磁场大小和均匀性产生的影响。

　　图 6-51a 和 b 所示分别为多层线圈轴线上及中截面径线上的磁场分布特性的有限元仿真计算结果。仿真计算时，固定线圈内半径 $R_1 = 100mm$ 及线圈长度 $2L = 1000mm$ 不变，只改变线圈外半径 R_2，模拟不同层数的线圈。计算时采用每增加一层外线圈则半径 R_2 增大 $1mm$，线圈轴向单位长度线圈匝数 $n_1 = 1000$，线圈径向单位长度线圈匝数 $n_2 = 1000$，通过线圈的电流 $I = 1A$。从图中可以看出随着线圈层数的增多，线圈轴线中心点处磁场强度基本与线圈层数成正比增大。

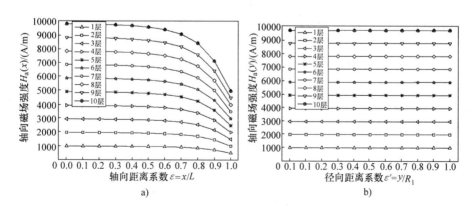

图 6-51　多层线圈的磁场分布

a）轴线上的轴向磁场分布　b）中截面径线上的轴向磁场分布

　　表 6-3 为不同层数 m 但长径比均为 $\lambda' = L/R_1 = 5$ 的线圈的磁场分布特性，包括线圈中心点处磁场强度 $H_a(0)$，轴线上不均匀度 $\alpha = 0.05$ 对应的 $\varepsilon_{0.05}$ 及轴线上不均匀度 $\alpha = 0.1$ 对

应的 $\varepsilon_{0.1}$，径线上不均匀度 $\alpha' = 0.02$ 对应的 $\varepsilon'_{0.02}$ 及径线上不均匀度 $\alpha' = 0.05$ 对应的 $\varepsilon'_{0.05}$，其中 $\varepsilon' = y/R_1$。从表 6-3 中可以看出中轴线轴向磁场强度分布的均匀性及中截面上径线轴向磁场强度分布的均匀性基本不受层数变化的影响。

表 6-3　长径比 $\lambda' = 5$ 的多层线圈的磁场分布特性

m	$H_a(0)$	$\varepsilon_{0.05}$	$\varepsilon_{0.1}$	$\varepsilon'_{0.02}$	$\varepsilon'_{0.05}$
1	$0.9806nI$	0.64	0.76	1	1
2	$1.9573nI$	0.64	0.76	1	1
3	$2.9329nI$	0.64	0.76	1	1
4	$3.9064nI$	0.64	0.76	1	1
5	$4.8776nI$	0.64	0.76	1	1
6	$5.8466nI$	0.64	0.76	1	1
7	$6.8133nI$	0.64	0.76	1	1
8	$7.7775nI$	0.64	0.76	1	1
9	$8.7392nI$	0.64	0.76	1	1
10	$9.6983nI$	0.64	0.76	1	1

下面分别设置长径比为 $\lambda' = 1$ 及 $\lambda' = 0.2$ 的多层线圈，表 6-4 及表 6-5 所列分别是有限元仿真计算结果，仿真计算时，长径比为 $\lambda' = 1$ 的多层线圈其线圈内半径 $R_1 = 100\text{mm}$，线圈长度 $2L = 200\text{mm}$，长径比为 $\lambda' = 0.2$ 的多层线圈其线圈内半径 $R_1 = 100\text{mm}$，线圈长度 $2L = 40\text{mm}$。图 6-52 所示为长径比 λ' 分别为 5、1 及 0.2 的三种多层线圈的线圈轴线中心点处磁场强度与线圈层数的关系曲线。

表 6-4　长径比 $\lambda' = 1$ 的多层线圈的磁场分布特性

m	$H_a(0)$	$\varepsilon_{0.05}$	$\varepsilon_{0.1}$	$\varepsilon'_{0.02}$	$\varepsilon'_{0.05}$
1	$0.7071nI$	0.36	0.51	0.33	0.52
2	$1.4071nI$	0.36	0.51	0.33	0.52
3	$2.1054nI$	0.36	0.51	0.33	0.52
4	$2.8002nI$	0.36	0.51	0.33	0.52
5	$3.4915nI$	0.36	0.51	0.33	0.52
6	$4.1794nI$	0.36	0.51	0.33	0.52
7	$4.8639nI$	0.36	0.51	0.33	0.52
8	$5.545nI$	0.36	0.51	0.33	0.52
9	$6.2226nI$	0.36	0.51	0.33	0.52
10	$6.897nI$	0.36	0.51	0.33	0.52

表 6-5 长径比 $\lambda' = 0.2$ 的多层线圈的磁场分布特性

m	$H_a(0)$	$\varepsilon_{0.05}$	$\varepsilon_{0.1}$	$\varepsilon'_{0.02}$	$\varepsilon'_{0.05}$
1	$0.1961nI$	1	1	0.17	0.26
2	$0.3885nI$	1	1	0.17	0.26
3	$0.58nI$	1	1	0.17	0.26
4	$0.7697nI$	1	1	0.17	0.27
5	$0.9576nI$	1	1	0.17	0.27
6	$1.1439nI$	1	1	0.17	0.27
7	$1.3284nI$	1	1	0.17	0.27
8	$1.5113nI$	1	1	0.17	0.27
9	$1.6926nI$	1	1	0.17	0.27
10	$1.8723nI$	1	1	0.17	0.27

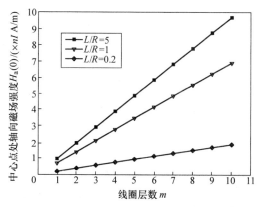

图 6-52 不同长径比 λ' 的多层线圈中心点处轴向磁场分布比较

比较表 6-3、表 6-4、表 6-5 及图 6-52 可以看出，长径比 λ' 分别为 5、1 及 0.2 的三种多层线圈的磁场分布规律一致，即随着线圈层数的增多，线圈轴线中心点处的磁场强度几乎与线圈层数成正比增大；线圈中轴线轴向磁场强度分布的均匀性及中截面上径线轴向磁场强度分布的均匀性不受层数变化的影响。即线圈层数的变化只改变磁场的大小，对磁场均匀性不产生影响。根据上述分析结论，人们研制了如图 6-53 所示的多层直流磁化线圈，为方便实际应用时的安装，线圈设计成剖分开合式。

图 6-53 剖分开合式多层直流线圈

由于退磁场的存在，无论对于整体磁化还是局部磁化，都使磁化拉索变得困难。欲提高拉索的磁化效果，应减小退磁场的作用。对于一定直径拉索的局部磁化而言，从前述分析可知，可通过增大磁化线圈的长度（增大两磁极的间距）来实现，但增大线圈长度必然增大磁化器的体积和质量，对拉索的检测不利。减小退磁场的另一个途径就是减小产生退磁场的磁极强度。

图 6-54 所示的主路磁化、旁路磁化及无回路磁化三种磁化方式均可以用于拉索的磁化。在主路磁化和旁路磁化方式中，通过沿拉索圆周均匀设置四个衔铁，使整个磁路形成一个闭合的环形回路，这将有效地减小退磁场，提高磁化效果。两种磁化方式所采用的衔铁完全一致，所不同的是主路磁化方式采用直流线圈环绕拉索，而旁路磁化方式采用直流线圈环绕衔铁。下面通过磁路计算及有限元仿真计算分析比较三种磁化方式的优劣。

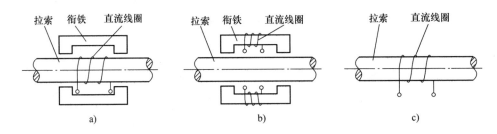

图 6-54　三种磁化方式结构示意图
a）主路磁化方式　b）旁路磁化方式　c）无回路磁化方式

对于主路磁化和旁路磁化，如果两种方式中衔铁完全一致，制作线圈所使用的材料以及线圈中通电电流大小也完全一致，那么哪一种方式的磁化效果更好呢？采用有限元仿真计算比较三种磁化方式的优劣，仿真计算的参数为：拉索长度为 0.5m，拉索等效直径为 0.1m，线圈长度为 0.1m，线圈内径为 0.06m，线圈外径为 0.07m，线圈安匝数为 1000，衔铁尺寸为 0.24m（长）×0.04m（宽）×0.07m（高），衔铁凹槽长度为 0.16m，拉索相对磁导率为 1000，衔铁相对磁导率为 1000。

图 6-55 所示为三种磁化方式拉索轴向磁感应强度分布和拉索中截面径向磁感应强度分布的主路磁化方式和旁路磁化方式的仿真计算结果，由于主路磁化方式和旁路磁化方式设置了衔铁，减少了退磁场的作用，其磁化效果比未设置衔铁的无回路磁化方式的磁化效果好很多。

上述分析中未考虑泄漏至拉索和衔铁之外空气中的磁通量，下面对该问题进行分析。旁路磁化方法中采用线圈先磁化衔铁，衔铁中产生的磁通量再经过两者之间的空气隙进入拉索形成磁回路，而磁通量在进入拉索前会出现泄漏，如图 6-56a 所示，即衔铁中的磁通量是拉索中的磁通量和泄漏至空气中的磁通量之和。因此，进入拉索的磁通量会比衔铁中的磁通量少，随着空气隙的增大，磁通量泄漏得越多，进入拉索的磁通量越少，拉索越不易被磁化至饱和。如果衔铁截面积不足，则衔铁在拉索之前被磁化至饱和。主路磁化方法中采用线圈直

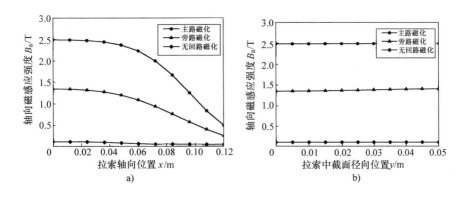

图 6-55　三种磁化方式拉索磁感应强度分布

a）拉索轴向磁感应强度分布　b）拉索中截面径向磁感应强度分布

接环绕拉索磁化，线圈先磁化拉索，拉索中产生的磁通量再经过两者之间的空气隙进入衔铁形成磁回路。同样，磁通量在进入衔铁前会出现泄漏，如图 6-56b 所示，即拉索中的磁通量是衔铁中的磁通量和泄漏至空气中的磁通量之和。因此，在线圈提供的磁能量相同的情况下，主路磁化方法中磁化能量能更有效地集中于拉索，拉索更容易被磁化。综上所述，为提高拉索的磁化效果应优先采用主路磁化方式。

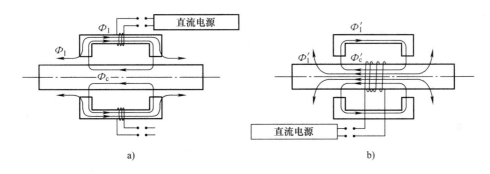

图 6-56　考虑磁通量泄漏的两种磁化方式

a）旁路磁化方式　b）主路磁化方式

　　测量在役拉索金属截面积变化时，测量仪器需沿拉索进行扫描式探测，为方便测量工作的实施，提高效率，节省成本，有必要研制一种能携带测量仪器自行沿拉索爬升的爬行器。

　　斜拉桥拉索的结构形状有圆形、平行六棱柱形和螺旋六棱柱形等几种形式，以螺旋六棱柱形拉索最为常见。如图 6-57 所示，螺旋六棱柱形拉索的钢丝束断面呈正六边形或缺角六边形紧密排列，经左旋扭绞 2°~4°而成，钢丝束外面沿索体连续缠绕右旋的细钢丝，也可缠绕纤维增强聚酯带，然后外挤 5~12mm 厚的热挤聚乙烯护套，拉索的外形呈螺旋六棱柱形。拉索直径为 51~200mm，通常每座斜拉桥都要用到十几种不同直径的拉索，直径差达到 50mm 以上，拉索长度可大于 300m，标高可大于 150m，倾斜度最大为 90°。一座斜拉桥至少有上百根拉索，且需进行 100% 检测。斜拉桥拉索所处的环境很特殊，空旷河面上的大风以及驶过桥的车辆都会引起拉索的随机振动。

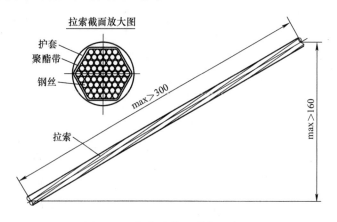

图 6-57   拉索及截面形状示意图

从上述对拉索结构特征和在役使用环境分析可知，测量爬行器系统应满足以下技术特征：

1）由于一座桥梁待检的拉索数量众多，因此测量爬行器系统应具有安装、拆卸快捷方便的特点，从而提高检测效率。

2）测量爬行器应具有较高的沿拉索爬升运动速度，以提高检测效率。

3）由于磁化装置及测量装置等的质量较大，特别是应用于直径较大的拉索时，因此测量爬行器应具有足够大的承载能力以携带测量设备。

4）由于一座桥梁待检的拉索直径规格众多，测量爬行器应对不同直径的拉索具有较好的适应性及通用性，尽可能以较少的检测仪器规格适应所有直径范围的拉索，从而减少制造成本、增加携带运输的方便性。

5）由于制造误差会导致同一根拉索的不同轴向位置的直径大小不一致，另外拉索由于自重悬垂会呈现悬垂曲线状态，因此测量爬行器在爬升时应能克服这些不利因素的影响，避免出现打滑或卡死现象。

6）测量爬行器应能克服拉索振动和高处大风等不利因素的影响，避免出现从高空突然滑落。

7）测量爬行器在沿拉索爬升过程中，应不对拉索表面及内部结构造成损伤。

8）应设置安全防护装置，当发生意外情况时，测量爬行器能顺利可控地返回地面。

要使测量爬行器能沿有较大倾斜度（甚至为 90°倾斜角）的拉索爬升，首先测量爬行器必须能附着于拉索表面，即测量爬行器必须对拉索表面有较大的正压力，以保证与拉索之间产生的摩擦力能足以克服自重、负载及风力等外界环境的影响而不下落或打滑，即

$$F\mu_f > G\sin\alpha \tag{6-41}$$

式中，F 为测量爬行器对拉索的正压力；μ_f 为测量爬行器和拉索接触面的摩擦因数；G 为测量爬行器及所携带检测设备的总重力；α 为拉索的倾斜角。

分析式（6-41）可知：所需的正压力 F 与测量爬行器总重力 G 和拉索的倾斜角 α 成正比，与摩擦因数 μ_f 成反比。由于拉索的表面涂有防止聚乙烯护套老化的防护漆，过大的正压力将会损坏防护漆并且使拉索产生变形，对拉索造成伤害，同时要产生的正压力越大，测量爬行器的结构将越复杂，因此在满足式（6-41）的条件下，测量爬行器对拉索的正压力应尽可能地小。为达到上述目的，首先应选择与拉索表面有较大摩擦因数的材料作为测量爬行器与拉索的接触面，以增大 μ_f 值；其次应尽可能使测量爬行器自重尽可能地小，以减小 G 值。

通常，可采用弹簧压紧、气压或液压压紧、永磁或电磁吸附等方式来产生正压力，可保证既能提供一定的正压力，同时又对接触面具有较好的适应性。弹簧压紧方式或永磁吸附方式由于不需要外界的动力源，其产生的正压力较为可靠，而气压、液压或电磁吸附等方式虽可较灵活地控制其产生的正压力，但一旦失去气力、液力或电力源，其产生的正压力也随即消失，可靠性较差。

移动测量爬行器的行走方式一般有车轮、履带等连续行走式或步行、蠕动等间歇行走式。车轮式较履带式结构简单、体积小，较步行、蠕动等间歇式的行走速度大，控制简单。对于拉索的螺旋六棱柱形表面，较适合采用车轮式连续爬行方式，这样可以降低测量爬行器的复杂程度，并能获得较快的爬升速度，以提高检测效率。

常用移动测量爬行器的动力源有电动、气动及液压驱动等方式。使用气压或液压驱动都需要在检测现场建立压缩站或液压站，通过管道将压缩空气或液体送到驱动体上。由于拉索的标高较大、长度较大，地面气动或液压驱动都难以满足所需的升程压力，并且难以传输；另外，由于气缸或液压缸的行程所限，只能实现脉动式前进。以气缸行程为循环周期，每次起动都有干扰信号产生，此信号与损伤信号极为相似，易引起损伤误判。爬行装置在动力选择上，需要实现检测传感器的平稳、连续运动，以电动机驱动为最佳。

采用分离式拉索测量爬行器的测量系统，分为测量爬行器和检测装置两个完全独立的部分。检测装置上设置有无动力的滚轮，可沿拉索轴向运行，对拉索进行扫描式检测，但检测装置无自行沿拉索爬升的功能。测量爬行器上设置有多组由电动机驱动的滚轮，可自主并携带检测装置沿拉索爬升。测量爬行器采用弹簧压紧方式使滚轮紧贴拉索表面，在滚轮和拉索表面间产生一定大小的正压力，实现滚轮与拉索表面之间的摩擦驱动。测量爬行器可采取三滚轮或六滚轮两种方式，分别如图 6-58 和图 6-59 所示。

三滚轮测量爬行器的基本组成结构示意图如图 6-58 所示。工作时，支架与下滚轮架通过螺栓固接，上滚轮架和支架通过两个可以相对滑动的套筒套接，套筒内放置弹簧，上、下两组滚轮共三个 V 形轮，将整个测量爬行器卡在拉索上，通过调节螺母螺杆压紧弹簧，使上、下两组滚轮紧贴拉索表面。减速电动机通过齿轮组传动，同时驱动下滚轮组的两个滚轮，下滚轮组的滚轮与拉索表面产生的摩擦力驱使爬升装置沿拉索做轴向运动。滚轮采用橡胶材料制作，橡胶和聚乙烯（拉索表面材料）的摩擦因数较大，有利于增大驱动摩擦力。由于拉索形状近似为圆柱形，因此橡胶轮的形状采用 V 形有利于防止测量爬行器从拉索上脱落。将测量爬行器在拉索上拆装时，只需拆卸或安装连接支架与下滚轮架的螺栓即可。

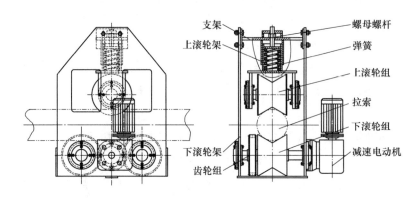

图 6-58 三滚轮测量爬行器结构示意图

六滚轮测量爬行器的基本组成结构示意图如图 6-59 所示。六滚轮测量爬行器具有三组相同结构的滚轮组，三组滚轮组均匀分布安装在框架上，将拉索环抱在三组滚轮组中间。每个滚轮组均包括两个滚轮、减速电动机、轮架，轮架和框架通过两个可以相对滑动的套筒套接，套筒内放置弹簧。工作时，通过调节三组滚轮组各自的螺母螺杆压紧弹簧，使三组滚轮组紧贴拉索表面，减速电动机通过链传动驱动各滚轮组的两个滚轮，六个滚轮与拉索表面产生的摩擦力驱使测量爬行器沿拉索轴向运动。滚轮采用橡胶材料制作，形状采用 V 形。框架为剖分式结构，测量爬行器从拉索拆卸时，只需将框架从剖分处打开；将测量爬行器安装至拉索上时，首先合上框架，然后再调节三组滚轮组防止偏心。

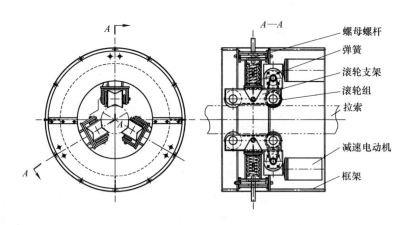

图 6-59 六滚轮测量爬行器结构示意图

三滚轮测量爬行器和六滚轮测量爬行器对不同拉索直径大小的适应性均很好，只需调节螺母螺杆就可适应不同直径的拉索。三滚轮测量爬行器的结构较简单，但由于正压力只由三个滚轮承担，滚轮对拉索产生的集中力过大，容易损伤拉索表面及内部结构。六滚轮测量爬行器由六个滚轮承担正压力，滚轮对拉索产生的集中力较小，但该测量爬行器的结构较复杂,体积庞大,且三组滚轮组的对心调节颇费时间。

图 6-60 所示为分离式拉索测量爬行器分别在实验室和广州某大桥进行爬升实验的照片,该分离式拉索测量爬行器为三滚轮测量爬行器。

图 6-60　分离式拉索测量爬行器爬升实验照片

为了使上述两种分离式测量爬行器具有足够的承载能力,以克服测量爬行器自重及检测装置自重,均需通过压缩弹簧以产生足够大的正压力,这对测量爬行器的结构强度有较高的要求,导致测量爬行器体积大、质量大,安装、拆卸较困难,需配备辅助装置,这降低了拉索检测的效率,并且过大的正压力还可能对拉索造成损伤。虽然分离式测量爬行器存在上述不足,但在因拉索保护套厚度过大而不能采用磁吸附方式的情况下,却是一个很好的选择。

如前所述,分离式拉索测量爬行器存在的体积大、质量大,安装、拆卸较困难等问题。解决这些问题的最好办法是让测量仪器具有自主爬升能力,而不需要额外的爬升装置,将测量和爬升功能合二为一,这样将使测量系统的体积和质量极大地减小。利用测量励磁场对拉索内部钢丝束产生的磁场力作为自主爬升所必需的附着力,为测量仪器具备自主爬升能力提供了有利条件。

通常一套磁性检测仪器只能对应检测一定直径范围的钢丝束类对象,而对于斜拉索较大的直径变化,用一套固定的检测仪器来检测所有直径的拉索是不可行的,但使用多个检测仪器必然会增加成本。采用模块化可重构技术,使每一个模块都具备测量、爬升以及控制功能,根据不同的拉索直径,选用不同数量的模块进行重构以形成对应的测量爬行器,可实现只用一个测量爬行器就能测量同一座斜拉桥上所有直径的拉索。

如图 6-61 所示,在测量系统中直流线圈励磁回路形成的磁场将使处于磁场中的拉索内部钢丝束和衔铁间作用有磁场力,磁场力大小为

$$F = N = -\frac{1}{8\pi}B_g^2 S_g \tag{6-42}$$

式中,B_g 为气隙中的磁通密度;S_g 为气隙的面积。

$F < 0$ 说明拉索内部钢丝束和衔铁间产生吸力。单元模块爬升能力分析如图 6-61 所示。

综合式(6-41)和式(6-42),只要增大气隙的磁通密度和面积,总能使式(6-41)成立,在配有一定的驱动装置下,测量爬行器单元模块将能实现沿有较大倾斜度的拉索爬升,

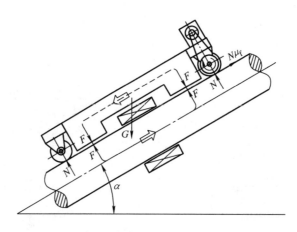

图 6-61　单元模块爬升能力分析图

对拉索进行扫描测量。另外，通常条件下，拉索与模块间的磁场力始终存在，测量爬行器在高空不会出现类似弹簧压紧装置因故障失效后的快速滑落，安全可靠。

在每个单元模块两端各安装一个滚轮，用直流电动机通过同步带传动作为驱动装置，同时驱动两个滚轮，可实现单元模块沿拉索的自主爬升。测量传感器衔铁与拉索表面间留有一定的间隙，以消除传感器相对拉索移动时的摩擦阻力。为增大滚轮沿拉索爬升时的附着力，应选择摩擦因数较大的材料制作滚轮。每个模块都具有一个独立的控制单元，包括测量信号的采集，驱动、制动装置的控制等。

根据拉索直径大小不同，选用不同数量的模块进行重构形成对应的测量爬行器，尽量达到将拉索圆周面 100% 覆盖，以减少测量误差。可重构测量爬行器示意图如图 6-62 所示。

选用密度较小、强度较大的铝合金材料制作一个剖分的框架，为尽可能地减轻重量，框架由两个铝合金圆盘和连接两圆盘的 8 根铝合金圆柱棒组成，铝合金圆盘上安装有标准的可与模块配合的接口，为了便于快速拆装时的准确定位，接口应做成槽形滑道，模块可在槽形滑道内沿拉索径向滑动，以适

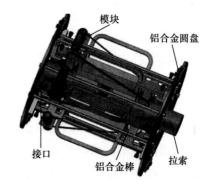

图 6-62　可重构测量爬行器示意图

应不同直径的拉索，且可以防止由于拉索直径不规则导致的卡死现象发生。接口的相对位置可变，以使多个模块在框架上沿拉索圆周均匀分布。拉索直径范围和所需模块个数见表 6-6。

表 6-6　拉索直径范围和所需模块个数对应表

拉索直径范围/mm	所需模块个数
$\phi51 \sim \phi79$	4
$\phi80 \sim \phi99$	5
$\phi100 \sim \phi119$	6
$\phi120 \sim \phi139$	7
$\phi140 \sim \phi159$	8
$\phi160 \sim \phi179$	9
$\phi180 \sim \phi200$	10

采用 60W 的直流减速电动机，通过同步带传动驱动人造胶摩擦轮，制作了具有测量和爬升功能的单元模块，并配作了硬铝合金框架，制作了拉索测量爬行器样机，在试验架上进行了多次实验。测量爬行器的爬升效果良好，多次实验都未对拉索造成损伤，模块间配合良好。该样机的单个模块质量为 8kg，框架质量为 10kg，整机最大质量为 90kg，体积为 $\phi460$mm × 600mm，承载能力大于 150kg，爬行速度为 2 ~ 8m/min。实验室爬升实验如图 6-63 所示。

图 6-63　可重构拉索测量爬行器样机爬升实验

参 考 文 献

[1] 黄松岭. 油气管道缺陷漏磁内检测理论与应用 [M]. 北京：机械工业出版社，2013.

[2] 黄松岭. 电磁无损检测新技术 [M]. 北京：清华大学出版社，2014.

[3] 杨叔子，康宜华. 钢丝绳断丝定量检测原理与技术 [M]. 北京：国防工业出版社，1995.

[4] 康宜华，武新军. 数字化磁性无损检测技术 [M]. 北京：机械工业出版社，2007.

[5] 孙燕华，康宜华，邱晨. 永磁扰动无损检测技术 [M]. 武汉：华中科技大学出版社，2012.

[6] 黄松岭，李路明，张家骏. 在用管道漏磁检测装置的研制 [J]. 无损检测，1999，21（8）：344 – 346.

[7] 黄松岭，李路明，鲍晓宇，等. 管道漏磁检测中的信号处理 [J]. 无损检测，2000，22（2）：55 – 57.

[8] 黄松岭. 管道磁化的有限元优化设计 [J]. 清华大学学报：自然科学版，2000，40（2）：67 – 69.

[9] 李路明，黄松岭，施克仁. 漏磁检测的交直流磁化问题 [J]. 清华大学学报：自然科学版，2002，42（2）：154 – 156.

[10] 李路明，黄松岭，杨海青，等. 抽油管壁磨损量检测方法 [J]. 清华大学学报：自然科学版，2002，42（4）：509 – 511.

[11] 李路明，杨海青，黄松岭，等. 便携式管道漏磁检测系统 [J]. 无损检测，2003，25（4）：181 – 183.

[12] 宋小春，黄松岭，赵伟. 天然气长输管道裂纹的无损检测方法 [J]. 天然气工业，2006，26（7）：103 – 106.

[13] 宋小春，黄松岭，赵伟，等. 水冷壁管壁厚主磁通超声波融合检测方法 [J]. 中国机械工程，2006，17（10）：1079 – 1081.

[14] 崔伟，李育忠，黄松岭，等. 基于虚拟仪器技术的管道外磁场测量系统研制 [J]. 电测与仪表，2005，42（12）：1 – 4.

[15] 宋小春，黄松岭，赵伟. 基于小波分析的水冷壁管缺陷识别和分类方法 [J]. 电测与仪表，2006，43（6）：9 – 12.

[16] 崔伟，黄松岭，赵伟. 传感器提离值对管道漏磁检测的影响 [J]. 清华大学学报：自然科学版，2007，47（1）：21 – 24.

[17] Huang S L，Zhao W，Cui W. Slot Length Characterizing by Magnetic Flux Leakage Evaluation [J]. Materials Technology，2006，21（4）：233 – 234.

[18] 冯博，伍剑波，杨芸，等. 钢管轴向伤高速高精漏磁探伤磁化方法 [J]. 中国机械工程，2014，25（6）：736 – 740.

[19] 王珅，黄松岭，赵伟，等. 高清晰度油气管道腐蚀检测器数据分析系统设计 [J]. 天然气工业，2007，27（1）：108 – 110.

[20] 宋小春，黄松岭，康宜华，等. 漏磁无损检测中的缺陷信号定量解释方法 [J]. 无损检测，2007，29（7）：407 – 411.

[21] 黄松岭，赵伟. 天然气管道缺陷检测器涡流装置 [J]. 清华大学学报：自然科学版，2008，48（1）：

13 – 15.

[22] 吴欣怡，赵伟，黄松岭. 基于漏磁检测的缺陷量化方法 [J]. 电测与仪表，2008，45（5）：20 – 22.

[23] 辛君君，董甲瑞，黄松岭，等. 油气管道变形检测技术 [J]. 无损检测，2008，30（5）：285 – 288.

[24] 吴德会，黄松岭，赵伟，等. 油气长输管道裂纹漏磁检测的瞬态仿真分析 [J]. 石油学报，2009，30（1）：136 – 140.

[25] 吴德会，黄松岭，赵伟. 基于 FLANN 的三轴磁强计误差校正研究 [J]. 仪器仪表学报，2009，30（3）：449 – 453.

[26] 吴欣怡，黄松岭，赵伟. 使用改进型 BP 神经网络量化裂纹漏磁信号 [J]. 无损检测，2009，31（8）：603 – 605.

[27] 吴德会，赵伟，黄松岭，等. 传感器动态建模 FLANN 方法改进研究 [J]. 仪器仪表学报，2009，30（2）：362 – 367.

[28] 陆海应，赵伟，黄松岭. 可视化技术及其在电磁测量领域的应用前景 [J]. 电测与仪表，2009，46（11）：1 – 4.

[29] 徐琛，黄松岭，赵伟，等. 基于低频涡流的油气管道变形检测方法及实现 [J]. 电测与仪表，2010，47（6）：10 – 14.

[30] 黄松岭，徐琛，赵伟，等. 油气管道变形涡流检测线圈探头的有限元仿真分析 [J]. 清华大学学报：自然科学版，2011，51（3）：390 – 394.

[31] 童允，黄松岭，赵伟，等. 基于包络滤波的电磁超声检测数据降噪算法 [J]. 高技术通讯，2010，20（9）：960 – 964.

[32] 童允，黄松岭，赵伟. 油气管道电磁超声检测器数据压缩算法研究 [J]. 清华大学学报：自然科学版，2010，50（10）：1613 – 1616.

[33] 奉华成，黄松岭，赵云利，等. 三维漏磁检测实验平台的研制 [J]. 电测与仪表，2011，48（4）：27 – 29.

[34] 苏宇航，吴静，奉华成，等. 便携式管道检测器定位系统的研制 [J]. 无损检测，2012，34（4）：22 – 25.

[35] 苏志毅，黄松岭，赵伟，等. 油气管道缺陷漏磁检测地面标记器研制 [J]. 无损检测，2012，34（10）：16 – 18.

[36] 苏志毅，赵伟，黄松岭. 多传感器信息融合技术在现代测量领域的地位和重要作用 [J]. 电测与仪表，2013，50（3）：1 – 5.

[37] 刘群，黄松岭，赵伟，等. 海底管道缺陷漏磁检测器数据采集系统研发 [J]. 中国测试，2015，41（1）：89 – 92.

[38] Chen J J, Huang S L, Zhao W. Three – dimensional defect inversion from magnetic flux leakage signals using iterative neural network [J]. IET Science, Measurement and Technology, 2015, 9（4）：418 – 426.

[39] Chen J J, Huang S L, Zhao W. Equivalent MFL Model of Pipelines for 3 – D Defect Reconstruction Using Simulated Annealing Inversion Procedure [J]. International Journal of Applied Electromagnetics and Mechanics, 2015, 47（2）：551 – 561.

[40] 陈俊杰，黄松岭，赵伟. 油气管道缺陷漏磁检测数据压缩算法研究 [J]. 电测与仪表，2014，51

（15）：100 – 104.

［41］Chen J J, Huang S L, Zhao W. Three – dimensional Defect Reconstruction from Magnetic Flux Leakage Signals in Pipeline Inspection based on a Dynamic Taboo Search Procedure ［J］. Insight – Non – Destructive Testing and Condition Monitoring, 2014, 56 （10）：535 – 540.

［42］Chen J J, Huang S L, Zhao W, et al. Reconstruction of 3 – D defect profiles from MFL signals using radial wavelet basis function neural network ［J］. International Journal of Applied Electromagnetics and Mechanics, 2014, 45 （14）：465 – 471.

［43］陈俊杰. 油气管道漏磁检测缺陷三维轮廓反演方法研究 ［D］. 北京：清华大学, 2015.

［44］崔伟. 管道腐蚀缺陷漏磁检测量化方法研究 ［D］. 北京：清华大学, 2006.

［45］刘新萌. 储罐底板三维漏磁检测缺陷实时量化与显示方法研究 ［D］. 北京：清华大学, 2015.

［46］刘欢. 油气管道漏磁检测数据定量分析与显示方法研究 ［D］. 北京：中国矿业大学（北京）, 2015.

［47］苏宇航. 油气管道漏磁检测系统中地面标记器的研制 ［D］. 北京：北京航空航天大学, 2012.

［48］童允. 电磁超声管道检测器数据存储与处理方法研究 ［D］. 北京：清华大学, 2010.

［49］苏志毅. 油气管道漏磁检测数据分析系统的研究与实现 ［D］. 北京：清华大学, 2013.

［50］吴欣怡. 基于改进型 BP 神经网络的裂纹漏磁信号量化方法研究 ［D］. 北京：清华大学, 2008.

［51］叶朝锋. 高清晰油气管道检测器高速数据采集与控制系统研究 ［D］. 北京：清华大学, 2008.

［52］刘志平. 基于有限元分析的储罐底板磁性检测与评价方法研究 ［D］. 武汉：华中科技大学, 2003.

［53］孙燕华. 钢管漏磁检测新原理与应用 ［D］. 武汉：华中科技大学, 2010.

［54］袁建明. 在役拉索金属截面积测量方法 ［D］. 武汉：华中科技大学, 2012.

［55］Sun Y H, Kang Y H. Magnetic Mechanisms of Magnetic Flux Leakage Nondestructive Testing ［J］. Appl. Phys. Lett. , 2013, 103 （18）：184104.

［56］Sun Y H, Kang Y H. An Opening Electromagnetic Transducer ［J］. Appl. Phys. , 2013, 114 （21）：214904.

［57］Sun Y H, Kang Y H, Qiu C. A permanent magnetic perturbation testing sensor ［J］. Sensors and Actuators A Physical, 2009, 155 （2）：226 – 232.

［58］Sun Y H, Kang Y H. A new MFL principle and method based on near – zero background magnetic field ［J］. Ndt & E International. 2010, 43 （4）：348 – 353.

［59］Sun Y H, Kang Y H. Magnetic compression effect in present MFL testing sensor ［J］. Sensors and Actuators A Physical, 2010, 160 （1）：54 – 59.

［60］Sun Y H, Kang Y H. A new NDT method based on permanent magnetic perturbation ［J］. Ndt & E International, 2011, 44 （1）：1 – 7.

［61］Sun Y H, Wu J B, Feng B, et al. An opening electric – MFL detector for the NDT of in – service mine hoist wire ［J］. IEEE Sensors Journal, 2014, 14 （6）：2042 – 2047.

［62］Sun Y H, Kang Y H. High – Speed Magnetic Flux Leakage Technique and Apparatus Based on Orthogonal Magnetization for Steel Pipe ［J］. Materials Evaluation, 2010, 68 （4）：452 – 458.

［63］Sun Y H, Kang Y H. High – speed MFL method and apparatus based on orthogonal magnetization for steel pipe ［J］. Insight, 2009, 51 （10）：548 – 552.

［64］Sun Y H, Kang Y H. The feasibility of omni – directional defects MFL inspection under a unidirectional magnetization ［J］. International Journal of Applied Electromagnetics and Mechanics （IJAEM）, 2010, 33 （3）：

919 – 925.

［65］Kang Y H, Wu J B, Sun Y H. The Use of Magnetic Flux Leakage Testing Method and Apparatus for Steel Pipe ［J］. Materials Evaluation, 2012, 70 (7): 821 – 827.

［66］Sun Y H, Liu S W. A Defect Evaluation Methodology Based on Multiple Magnetic Flux Leakage (MFL) Testing Signal Eigenvalues ［J］. Research in Nondestructive Evaluation, 2015, 27 (1): 1 – 25.

［67］Wu J B, Sun Y H. Theoretical analysis of MFL testing signal affected by discontinuity orientation and sensor – scanning direction ［J］. IEEE Transactions on Magnetics, 2015, 51 (1): 1 – 7.

［68］Sun Y H, Feng B, Liu S W, et al. A methodology for identifying defects in the magnetic flux leakage method and suggestions for standard specimens ［J］. Journal of Nondestruct Evaluation, 2015, 34 (3): 1 – 9.

［69］Sun Y H, Liu S W, Li R, et al. A new MFL Sensor Based on Open Magnetizing Method and its On – line Automated Structural Health Monitoring Methodology ［J］. Structural Health Monitoring, 2015, 14: 1 – 21.

［70］Sun Y H, Feng B, Ye Z J, et al. Change Trends of Magnetic Flux Leakage with Increasing Magnetic Excitation ［J］. Insight, 2015, 57 (12): 1 – 8.

［71］Wu J B, Kang Y H, Tu J, et al. Analysis of the eddy – current effect in the Hi – speed axial MFL testing for steel pipe ［J］. International Journal of Applied Electromagnetics and Mechanics, 2014, 45 (1): 193 – 199.

［72］Feng B, Kang Y H, Sun Y H. Theoretical analysis and numerical simulation of the feasibility of inspecting non – ferromagnetic conductors by MFL testing apparatus ［J］. Research in Nondestructive Evaluation, 2016, 27 (2): 100 – 111.

［73］Liu Z P, kang Y H, Wu X J, et al. Study on Local Magnetization of Magnetic Flux Leakage for Storage Tank Floors ［J］. Insight, 2003, 45 (5): 328 – 331.

［74］Yuan J M, Wu X J, Kang Y H, et al. Development of an inspection robot for long – distance transmission pipeline on – site overhaul ［J］. Industrial Robot, 2009, 36 (6): 546 – 550.

［75］刘志平, 康宜华, 杨叔子, 等. 大面积钢板局部磁化的三维有限元分析 ［J］. 华中科技大学学报, 2003, 31 (8): 10 – 12.

［76］刘志平, 康宜华, 杨叔子, 等. 储罐罐底板漏磁检测仪的研制 ［J］. 无损检测, 2003, 25 (5): 234 – 236.

［77］康宜华, 孙燕华, 李久政. 钻杆漏磁检测探头的设计 ［J］. 传感器与微系统, 2006, 25 (11): 46 – 48.

［78］孙燕华, 康宜华, 宋凯, 等. 基于单线圈斜向磁化的钢管漏磁检测方法 ［J］. 无损检测, 2008, 30 (11): 800 – 803.

［79］康宜华, 李久政, 孙燕华, 等. 漏磁检测探头的选择及其检测信号特性 ［J］. 无损检测, 2008, 30 (3): 158 – 162.

［80］袁建明, 武新军, 康宜华, 等. 可重构斜拉索磁性无损检测机器人技术研究 ［J］. 武汉理工大学学报: 交通科学与工程版, 2008, 32 (3): 442 – 445.

［81］宋凯, 康宜华, 孙燕华, 等. 漏磁与涡流复合探伤时信号产生机理研究 ［J］. 机械工程学报, 2009. 45 (7): 233 – 237.

［82］孙燕华, 康宜华. 一种基于磁真空泄漏原理的漏磁无损检测新方法 ［J］. 机械工程学报, 2010, 46

（14）：18 – 23.

[83] 孙燕华，康宜华，石晓鹏．基于单一轴向磁化的钢管高速漏磁检测方法［J］．机械工程学报，2010，46（10）：8 – 13.

[84] 孙燕华，康宜华．基于物理场的缺陷漏磁检测信号特征分析［J］．华中科技大学学报：自然科学版，2010，38（4）：90 – 93.

[85] 康宜华，孙燕华，宋凯．ERW 管焊缝缺陷漏磁检测方法可行性分析［J］．测试技术学报，2010，24（2）：99 – 104.

[86] 胡晓亮，孙燕华，康宜华，等．钻杆螺纹复合电磁检测方法与仪器［J］．传感器与微系统，2011，30（8）：107 – 109.

[87] 伍剑波，康宜华，孙燕华，等．涡流效应影响高速运动钢管磁化的仿真研究［J］．机械工程学报，2013，49（22）：41 – 45.

[88] 冯博，巴鲁军，孙燕华，等．钻杆加厚过渡带漏磁检测方法［J］．华中科技大学学报：自然科学版，2014，42（5）：12 – 15.